U0181159

婆罗洲异虫志

AMAZING INSECTS OF BORNEO

张巍巍 著

重庆大学出版社

图书在版编目（CIP）数据

婆罗洲异虫志 / 张巍巍著.--重庆：重庆大学出版
社，2023.2
（好奇心书系. 鹿角丛书）
ISBN 978-7-5689-3352-0

Ⅰ.①婆… Ⅱ.①张… Ⅲ.①热带雨林—昆虫志—东南亚
Ⅳ.①Q968.233

中国版本图书馆CIP数据核字（2022）第104201号

婆罗洲异虫志
POLUOZHOU YICHONG ZHI

张巍巍 著

策划编辑：梁 涛
策 划：鹿角文化工作室
责任编辑：文 鹏 版式设计：周 娟 贺 莹
责任校对：邹 忌 责任印刷：赵 晟

*

重庆大学出版社出版发行
出版人:饶帮华
社址:重庆市沙坪坝区大学城西路21号
邮编:401331
电话:(023) 88617190 88617185（中小学）
传真:(023) 88617186 88617166
网址:http://www.cqup.com.cn
邮箱:fxk@cqup.com.cn（营销中心）
全国新华书店经销
重庆紫石东南印务有限公司印刷

*

开本：889mm ×1194mm 1/16 印张：12.5 字数：293千
2023年2月第1版 2023年2月第1次印刷
印数：1—5 000
ISBN 978-7-5689-3352-0 定价：68.00元
审图号：GS(2022)5290号

关于婆罗洲的碎碎念

GUANYU POLUOZHOU DE SUISUINIAN

　　婆罗洲（Borneo）并非一个国家，而是世界第三大岛，是无数自然爱好者魂萦梦牵之所在！

结缘婆罗洲

　　真正认识婆罗洲，要从马来西亚沙巴邦境内的特鲁斯马迪山（Mt. Trus Madi）说起。

　　特鲁斯马迪山是沙巴第二高峰，一类森林保护区，生物多样性极高。这里至少有 5000 种昆虫已经被科学家记录，蜘蛛、鸟类、两爬和兽类，以及兰花与猪笼草等特有植物资源也十分丰富！

　　始于 1986 年的"婆罗洲丛林女孩营地"就坐落在特鲁斯马迪山密林深处，这个营地是沙巴第一个专门的昆虫学营地，是昆虫考察的圣地，在世界范围内也首屈一指！不仅仅在昆虫方面，如果你是观鸟高手、植物达人，这里同样是最佳的观测地点。

沙巴特鲁斯马迪山广袤的热带雨林

2012 年在吉隆坡，我第一次听说这个营地。当朋友提起时，相信我当时的表情应该是呆滞的：大山深处！热带雨林！昆虫学营地！神秘的世界第三大岛！

无奈，接下来的两年琐事缠身，我只有将其化作一个心结，不时提醒自己：在世界的一个角落，还有这样一个观虫圣地在等着我！

2014 年底，我受邀参加在吉隆坡举办的世界青少年集邮展览的评审工作。几个朋友再次聚首，旧事重提，实在禁不住诱惑，于是就有了

2015 年初，我的第一次特鲁斯马迪山之旅。

之后，我便一发而不可收拾，无数次来到婆罗洲，每年在那里停留的时间几乎超过三个月。除了特鲁斯马迪山，我还跟随朋友们一起游历了被誉为神山的东南亚第一高峰基纳巴卢山（Mt. Kinabalu）以及沙巴的很多地方。当然，同属马来西亚的沙捞越自然也不会放过。我也曾从沙捞越陆路进入印度尼西亚，在西加里曼丹省最大的倍吞克理浑（Bentung Kerihun）国家公园遭遇山洪的洗礼。

探索生物多样性之巅

　　两罐啤酒下肚，沙巴著名的自然摄影大师 Calvin 跟我说了这样一句令人难以置信的话：婆罗洲其实是一片贫瘠的土地！

　　这是一个我之前没有想过的问题，但仔细琢磨并结合自己的观察，的确如此！热带雨林常年多雨，如果没有活火山，那么土壤中的无机盐等营养成分就会被冲走，而且得不到补充。整个婆罗洲，除了少数火山地区之外，大部分土壤都由黄褐色岩石风化而来，攥在手里，就是一捧细细的粉末。本书中莫西干叶蚱和尼氏蟾蟳所处的环境就是其最典型的代表。这样的土壤，自然无法留存更多的养分。

　　但即便是如此贫瘠的土地，岛内 70% 的面积仍然被雨林覆盖，是典型的热带雨林气候，其热带雨林面积仅次于南美洲的亚马孙河流域。起伏的地势、炎热的气候和丰沛的雨量，造就了这里物种的丰富程度。目前婆罗洲生活着 10 种灵长类动物、350 多种留鸟、150 多种两栖爬行动物以及 15000 多种植物。这里还是婆罗洲孔雀雉、棕尾火背鹇、鳞背鹇、岩短翅莺、棘头䴗等特有珍稀濒危鸟类，以及婆罗洲红毛猩猩、长鼻猴、婆罗洲侏儒象、霍氏缟灵猫等特有珍稀濒危兽类的家园。

　　2015 年以来，我在婆罗洲各地考察并拍摄了大量的生态照片，观察记录了形形色色、不计其数的昆虫物种。这些物种有的光艳夺目，有的却羞于见人；有的威风凛凛，有的却我行我素。不管这里的土地多么贫瘠，婆罗洲依旧是全球生物多样性之巅！

　　在《婆罗洲异虫志》中，我选取了 100 组具有代表性的婆罗洲昆虫照片，意在向广大读者介绍不一样的婆罗洲，不一样的昆虫世界。跟以往的图鉴类昆虫书籍相比，本书从写法到表现形式都有所不同，正如我始终认为的，本书的内容并没有完整体系，或者说没有完整的逻辑性。但我也依然相信，书的内容一定会吸引到你，毕竟物种为王！

说说婆罗洲这个岛

婆罗洲岛地处东南亚，位于马来群岛的中心位置，赤道横穿其中。婆罗洲总面积为 74.33 万平方公里，比 20 个台湾岛还要大一些。

婆罗洲岛是世界上唯一一个分属三个国家管辖的岛屿。

婆罗洲岛的北部有马来西亚联邦（Federation of Malaysia）的沙巴（Sabah）和沙捞越（Sarawak）两邦。沙巴旧称北婆罗洲（North Borneo），曾是英国的皇家属地。沙捞越（又称砂拉越）1841—1946 年由布鲁克家族（Brooke family，当地人称"White Rajahs"，即白人国王）统治，第二次世界大战结束后成为了英国殖民地。沙巴和沙捞越于 1963 年和马来亚联合邦（Federation of Malaya）及新加坡（Singapore）共同组成马来西亚联邦，1965 年新加坡退出并独立。

在沙巴和沙捞越中间，是文莱达鲁萨兰国（Negara Brunei Darussalam），其面积最小，1984 年脱离英国独立。

婆罗洲岛的南部属于印度尼西亚共和国（Republic of Indonesia），被称作加里曼丹（Kalimantan），第二次世界大战前属荷属东印度（Dutch East Indies），为荷兰殖民地。1945 年印度尼西亚独立，目前加里曼丹被分为五个省，分别是东加里曼丹（East Kalimantan）、南加里曼丹（South Kalimantan）、西加里曼丹（West Kalimantan）、北加里曼丹（North Kalimantan）和中加里曼丹（Central Kalimantan）。2019 年，印度尼西亚宣布将位于爪哇岛的首都从雅加达（Jakarta）迁移至婆罗洲岛的东加里曼丹省。目前，一座名为努桑塔拉（Nusantara）的崭新城市正在建设中，此举将给婆罗洲的进一步繁荣带来深远的影响。

很多时候，人们分不清婆罗洲和加里曼丹的关系，便容易闹出笑话。其实很简单，岛的名字是唯一的，就是婆罗洲。而婆罗洲的印度尼西亚部分被称为加里曼丹，包括印尼人也这样认为。虽然有些印尼人会随口说出"Pulao Kalimantan（加里曼丹岛）"，但印尼官方是不会犯这种错误的。更重要的一点，马来西亚和文莱显然是没有人认可"加里曼丹岛"这一说法的。

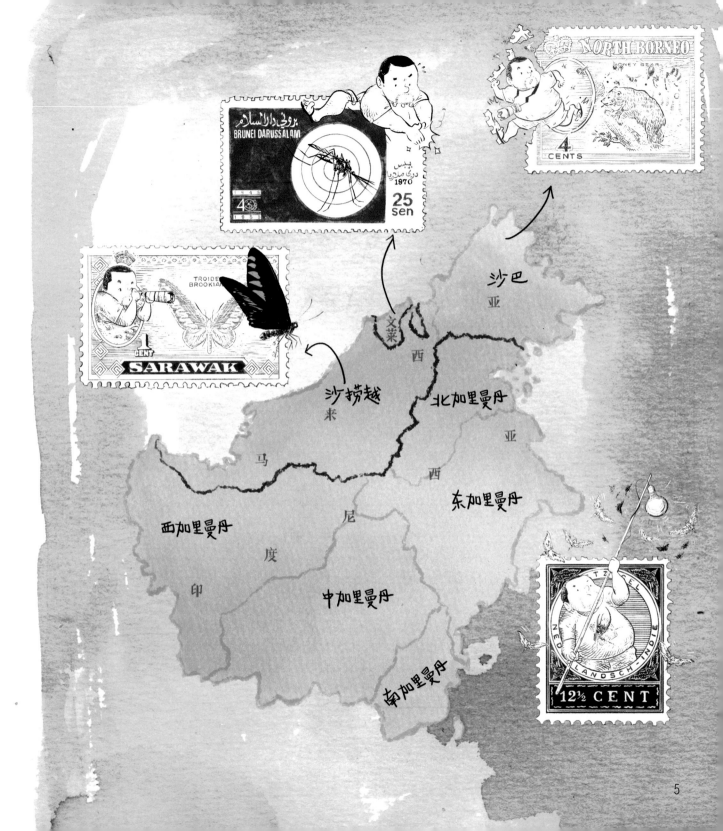

5

怀念在婆罗洲的日子

感谢这些年来，陪我在婆罗洲各地留下美好回忆的所有朋友！

感谢陈志辉（Tan Chee Hui）先生、伍振祥（Dennon Ng）先生的推荐，引领我来到这一生物多样性圣地。

感谢被我们亲切称为阿墩的周家顺（Jimmy Chew）先生对特鲁斯马迪山环境与物种探索给予的指导以及方方面面的关怀。感谢吴汉松（Calvin Ng）先生和徐仕坚（Chee Su Ken）先生专业的自然拍摄交流。感谢扈翠兰（Ann Foo）女士、谭富（Tam A Ku）先生和张莉结（Clara Chong）女士的悉心关照。

加里曼丹的倍吞克理浑国家公园只有通过水路才能深入其腹地

感谢游钓达人梁伟龙（Leong Wai Loong）先生带领我深入婆罗洲腹地，感受加里曼丹无人区的凶险与神秘。

本书的物种鉴定也得到诸多老师和朋友们的帮助，他们是白明研究员、常凌小博士、陈卓先生、韩辉林教授、何祝清博士、黄贵强博士、李琨渊先生、梁飞扬博士、林美英博士、刘星月教授、刘盈祺博士、邱鹭博士、王瀚强博士、王建赟博士、王勇先生、王余杰先生、王志良博士、王宗庆教授、吴超先生、武三安教授、袁峰先生、郑昱辰先生，在此一并表示感谢。

这些年，我的一些昆虫学家朋友，用我的名字命名了 7 个婆罗洲的昆虫新物种，分别是：巍巍缺翅虫 *Zorotypus weiweii* Wang, Li & Cai, 2016；张氏淡小夜蛾 *Tentax zhangweiweii* Han & Kononenko, 2017；巍巍丽拟叩甲 *Callilanguria weiweii* Huang & Yang, 2018；巍巍粗股蝽 *Camarochiloides weiweii* Chen, Liu, Li & Cai, 2019；巍巍狄苔蛾 *Diduga weiweii* Zhao, Wu & Han, 2020；巍巍鳞栉角蛉 *Berothella weiweii* Liu & Li, 2021；巍巍雅蚁蛉 *Layahima weiweii* Zheng & Liu, 2021。能够跟这些婆罗洲的昆虫永久联系在一起，我感到无比荣幸。

有幸在婆罗洲丛林女孩营地结识著名漫画家夏吉安先生，并承蒙慷慨手绘精美婆罗洲地图。地图所装饰的四枚与昆虫有关的"邮票"，其原型来自荷属东印度（1902 年）、沙捞越（1950 年）、北婆罗洲（1961 年）和文莱（1988 年），这些邮票都曾随着一封封家书从婆罗洲飞向世界各地，也都曾令我如醉如痴、疯狂追寻。而吉安兄风趣的笔触，更令本书别有一番情趣。

著名生态摄影师范毅先生协助精修了书中的部分图片，使得本书更加光彩照人。

作者简介所附照片，由李明明女士于婆罗洲拍摄，她的爱子嘉轩小朋友对昆虫有着狂热的追求。

由于各种事务的耽搁，这本书成稿比预计整整晚了一年。即便如此，新冠肺炎疫情仍旧在全球肆虐！疫情以来，发生了很多事情，也让很多事情无法继续！希望疫情早日结束，静待世界早日安宁下来，期盼早日见到阔别两年的婆罗洲友人们和雨林间的万物！

2022 年 2 月 1 日壬寅年春节于重庆

作者简介 ZUOZHE JIANJIE

张巍巍　著名集邮家、昆虫学者、科普作家、生态摄影师，曾发表现生及琥珀化石昆虫新分类阶元若干，其中包括缅甸琥珀中的化石新目：奇翅目Alienoptera。著有《昆虫家谱：世界昆虫410科野外鉴别指南》《凝固的时空：琥珀中的昆虫及其他无脊椎动物》《中国昆虫生态大图鉴》《婆罗洲特鲁斯马迪山动物图典》《常见昆虫野外识别手册》《蜜蜂邮花》及 Catalogue of The Stick-Insects and Leaf-Insects of China 等，曾获中国出版政府奖图书奖、重庆市科技进步奖等。

目录
Contents

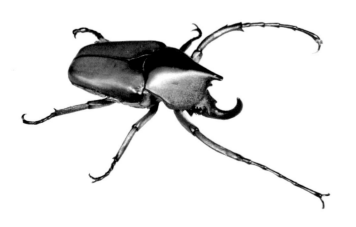

01 天生丽质

TIANSHENGLIZHI

雌性红颈鸟翼凤蝶

在地上吸水的雄性红颈鸟翼凤蝶

华莱士的优雅发现
—— 红颈鸟翼凤蝶指名亚种
HUALAISHI DE YOUYA FAXIAN

自 1858 年始,英国博物学家和动物地理学家华莱士(Alfred Russel Wallace),利用 8 年时间游历马来群岛的无数岛屿,共采集了 12 万件动植物标本。

在婆罗洲的沙捞越,华莱士发现了这种他自认为"最为优雅的蝴蝶"。为感谢当时沙捞越的统治者布鲁克爵士(Sir James Brooke)的悉心关照,华莱士将这种美丽的蝴蝶命名为 *Trogonoptera brookiana*。至今,作为马来西亚国蝶的红颈鸟翼凤蝶在婆罗洲和马来半岛仍被称作 Rajah Brooke(布鲁克国王)。

在马来半岛的一些地方,红颈鸟翼凤蝶雄蝶常常数十只聚集在湖滨或河边的泥坑上,有的会停歇在温泉附近,平展四翅,露出鲜艳夺目的红颈,旁若无人地伸喙吸水。但在婆罗洲,人们却很难见到这一场景。

2

3

雌性大尾天蚕蛾不仅身体略显肥大，
而且翅膀也比雄性宽大一些

迎接朝霞的舞者

—— 大尾天蚕蛾马来亚种

YINGJIE ZHAOXIA DE WUZHE

天蚕蛾科最吸引人的地方，在于很多种类后翅都有一对长长的尾突，尾突越长，越显高贵。有幸见过大尾天蚕蛾的朋友，都会被它婀娜的体态折服。宽大的翅膀，加上两条飘带般长长的尾突，令人过目不忘！大尾天蚕蛾的雄性为黄绿色，雌性为草绿色。

只有很少的人在野外见过活的大尾天蚕蛾，这是因为它们的活动时间非常特殊。雄性大尾天蚕蛾往往在太阳升起的那一刻才出来活动，只有勤奋早起的人才有机会一睹它的芳容。

迎接朝霞的大尾天蚕蛾雄蛾

飘逸的锤子

—— 红斑锤尾凤蝶婆罗洲亚种

∠ PIAOYI DE CHUIZI

红斑锤尾凤蝶婆罗洲亚种

　　锤尾凤蝶属全世界一共只有 4 个种类，大都分布在南亚和东南亚的一些国家，其中有一种也分布在我国的广东和海南。

　　红斑锤尾凤蝶一共有 12 个亚种，这些亚种应该说都是十分罕见的，因为它们多生活在大山深处人迹罕至的地方。红斑锤尾凤蝶有几个突出的特征，第一是它狭长的前翅，第二是它的尾突像极了流星锤，有着一个非常细的柄，很容易跟其他凤蝶区分开。

黑色的黄金鬼锹甲雌虫，显得十分低调

独一无二的金色锹甲

多数的锹甲种类是黑色的，也有一些黄色系种类从浅黄色到橘黄色。黄金鬼锹甲是其中的特例，金黄色的身体和鞘翅，具有十足的贵族气息。

黄金鬼锹甲共有两种，其中一种产自印度尼西亚的爪哇岛，另外一种则从缅甸到泰国、马来半岛以及苏门答腊、婆罗洲都有分布，这就是莫氏黄金鬼锹甲。

莫氏黄金鬼锹甲一共分了 4 个亚种，婆罗洲亚种是其中体型最小的，它最大的纪录约 57 mm，是婆罗洲的特有亚种。

黄金鬼锹甲的雌虫为铜色或黑色，显得十分低调。

黄金甲武士

—— 莫氏黄金鬼锹甲婆罗洲亚种

HUANGJINJIA WUSHI

橙色轰炸机

—— 齿喙象

↘ CHENGSE HONGZHAJI

中午时分的婆罗洲雨林气温非常高,然而就在这炎热的天气下,我发现了这只橙色象鼻虫,它犹如一架巨型轰炸机在空中掠过。

巨大的齿喙象体长可达10 cm,它们的幼虫生长在倒伏的棕榈类树干中。一棵倒伏的棕榈树,往往可以养活一大窝象鼻虫幼虫,数量可达几十甚至数百只。

这些幼虫也是当地人的一种不可多得的传统美食,其最常见的吃法就是将鲜活的个体在酱油中滚动一下,然后直接放入嘴中!味道么?肯定不是嘎嘣脆的鸡肉味,而是那种绵绵的椰奶味。

沙巴农贸市场,装在塑料袋中出售的齿喙象幼虫

齿喙象幼虫

齿喙象

皱红胸厚天牛

观景台的七彩天牛

——皱红胸厚天牛

GUANJINGTAI DE
QICAI TIANNIU

红胸厚天牛

黑胸施密天牛

　　每年四五月大虫季来临之时，婆罗洲丛林女孩营地旁的平台就变成了一个观景台。从观景台往下看，是一望无际的原始雨林，每天最炎热的时段，一些大型甲虫就在树冠周围盘旋飞舞，或采集花蜜或找地方繁衍后代。

　　其中最美的当属几种大型的天牛，如：红黄黑相间的皱红胸厚天牛、红绿相间的红胸厚天牛、橙黑相间的黑胸施密天牛等。这些迷人的七彩天牛，不领略一下婆罗洲的烈日，也是无缘一见的。

你会想到有一种螳螂居然是红色的吗？

不可思议的
红色杀手

—— 红蕉箭螳

BUKESIYI DE
HONGSE SHASHOU ↗

你会想到有一种螳螂居然是红色的吗？很多人都认为它一定是天方夜谭！这也许就是婆罗洲最为神秘的螳螂了！

从 2015 年初第一次踏入婆罗洲的土地，我就开始苦苦的寻找。直到 2019 年，才终于有幸见到了这个神奇的物种。

箭螳本身就是一个非常特别的类群，更加神奇的是红蕉箭螳的颜色为红色和黄色相间，体型犹如一段小小的植物枝干。如果将红蕉箭螳单独放在你的面前，你可能会产生疑问：一个红色的物种在万绿丛中难道可以躲过天敌的火眼金睛？

但身处婆罗洲，你会发现，热带雨林的斑斓色彩远远超出了你的想象！红色又何尝不是一种绝妙的伪装呢？

绝美的五彩虹翼竹节虫

雨林中的幻彩枝条

——五彩虹翼竹节虫

YULIN ZHONG DE HUANCAI ZHITIAO

雨林物种之新奇,绝对超乎人们的想象!

说起竹节虫,大家一定会认为是绿色、棕色或者灰黑色,长有大长腿的瘦瘦的一小段枝条。它们没有翅膀,但可以快速地从地面爬过。

事实上,在热带地区,特别是雨林中,带有翅膀的竹节虫种类往往多于无翅的种类。它们虽然还是以绿色种类为主,但具有鲜艳色彩的种类数量远超一般人对竹节虫的认知。

五彩虹翼竹节虫可算是其中绝美的了!我曾多次见过其雄性个体,头胸部为蓝色带有黑色斑纹,翅大部分为黄绿色,端部黑色略显红紫,腹部为黑色。比起雄虫,雌性较为肥硕,通体黄绿色,只在后翅被打开的时候才能见到后翅有一圈明显的黑色弧线。非常遗憾的是,五彩虹翼竹节虫的雌虫一直没能出现在我面前。

俗称人面椿象的昆虫确实长有一张卡通人物的面孔

人面臭屁虫
—— 红显蝽

↙ RENMIAN CHOUPI CHONG

红显蝽是一个较为广布的物种，在南亚和东南亚一带较为常见。也许是地域差异或者个体差异，我在婆罗洲见到的，都是浅黄色和黑色相间的，并无红色的。但事实上，这个物种有着丰富的色彩，红色、橙色、黄色、奶油色，应有尽有。鲜艳的色彩往往对天敌起到一种警示的作用，它可以告诉捕食者，我有毒且有可怕的味道。

从背面且头朝下看去，这种俗称人面椿象的昆虫确实长有一张卡通人物的面孔。前翅鞘质部分左右各一黑斑，仿佛人的一双眼睛；巨大的三角形小盾片则是人的鼻子；小盾片基部黑色线条是人的嘴巴；两对交叉的前翅的黑色膜质部分重叠在一起，其流畅的翅脉正好化为人的头发。

据说，除了色彩的警示作用之外，其图案中的"眼睛"还会把敌害的注意力从容易受到伤害的头部转移开来。

黄带笃蝉是一个大型的蝉科种类，在彩色的蝉中，或许是世界之最了！较大的个体前翅伸展开可达到 180 mm！

学名中的 speciosa 来自拉丁语 "specios"，是美丽的意思。黄带笃蝉有着巨大的不透明的前翅和黑色的身体；前胸背板后半部黄绿色，十分醒目，犹如一条彩色的项圈；胸部 X 隆起红色。黄带笃蝉通常停留在大树树干距离地面 10 m 左右的地方，聒噪的声音响彻山谷，如果熟悉它的话，则较容易观察到其行踪。

在婆罗洲，至少有两种外观上较为相近的笃蝉，另一种略小，称绿带笃蝉。

身着彩衣的歌者
——黄带笃蝉

SHENZHUO CAIYI
DE GEZHE

绿带笃蝉

黄带笃蝉

黄带笋蝉是一种大型彩蝉

烈日下飞舞的宝石

—— 大丽吉丁虫

↖ LIERI XIA FEIWU DE BAOSHI

吉丁虫又称宝石甲虫，是一类非常艳丽的鞘翅目昆虫。大多数的吉丁虫都有鲜明的色彩，并带有强烈的金属光泽。在夜间的灯诱布上，你绝对看不到它们的身影，因为它们是烈日下的舞者！

吉丁虫的一生，大部分时间也就是它们的幼虫阶段，都是在树干中度过的。吉丁虫的幼虫钻蛀树干，直至化蛹。羽化成虫之后，它们会出现在烈日下的天空中，寻找它们特别喜爱的树干产卵。如果想一睹它们的芳容，必定要经受烈日的考验。热带地区的吉丁虫，有些种类体长可超过 4 cm。

大丽吉丁虫是婆罗洲较为多见，并十分美丽的物种之一。而芝士金吉丁则是极为罕见的靓丽种类。

大丽吉丁虫

芝士金吉丁

斑斓的小不点

—— 小型叶蝉

BANLAN DE
XIAOBUDIAN

这只至少混有五六种色彩的小叶蝉，
正在竖起翅膀，准备跳跃着飞走。

可能很少有人关注那些只有 2~3 mm 的小虫子！当然，其主要原因是它们看都看不清楚；其次，既然看不清，那一定是不好看的！

最近几年，我对拍摄极微小的活虫子产生了浓厚的兴趣，经常拿着佳能那个特有的五倍微距镜头东拍西拍，也经常在灯诱布上用小管子装些几乎看不清是什么的小飞虫。回到驻地，或者干脆就在灯诱布旁搭个台子，将这些小虫逐一倒出，没有立刻飞走的，就仔细地拍上一拍。

其中便有很多细小的叶蝉科昆虫。拍得多了，我竟然发现，其斑斓的色彩比白天常见的那些大家伙们更加多样且迷人。

意料之外的
古灵精怪
——微小蛾类
YILIAOZHIWAI DE
GULING-JINGGUAI

细长且美丽的尖蛾

前文说到，2~3 mm 的微小叶蝉很多色彩斑斓，但其外观跟我们熟悉的大型种类倒是差异不大。但是，超微镜头下的细小蛾类，却足以称得上是古灵精怪了！

看惯了灯诱布上那些飞来飞去的大型蛾类（我们在此暂且把那些看上去外观大于 1 cm 的蛾子都当作大型蛾类吧），微小蛾类的精彩之处则在于它们的外观和停息姿态与我们熟悉的大型蛾类相差甚远。

不少微小蛾类有着极度夸张的触角、下唇须，翅上还长有超长的缘毛。有些种类停息姿态奇特，或是高举后足，或是稳坐钓鱼台，或如金鸡独立，或如孔雀开屏。

堪称惊艳的小型萤叶甲

小甲虫的配色

—— 惊艳小叶甲

XIAOJIACHONG
DE PEISE

↘

观察毫米级的昆虫,确实有很多的乐趣。它们的配色、形态,往往是让人始料不及的。除了小叶蝉、小蛾类之外,最让人惊叹的是各种微型叶甲独特的艳丽色彩。

这些微小叶甲,体长多数在 5 mm 左右,肉眼几乎无法分辨它们缤纷的色彩,只有在镜头里,方显出它们的与众不同。

我实在没有办法(也几乎没有什么实际的意义)在此——给出这些小叶甲的名字,或许里面还有一些从未有人命名过的新物种呢。

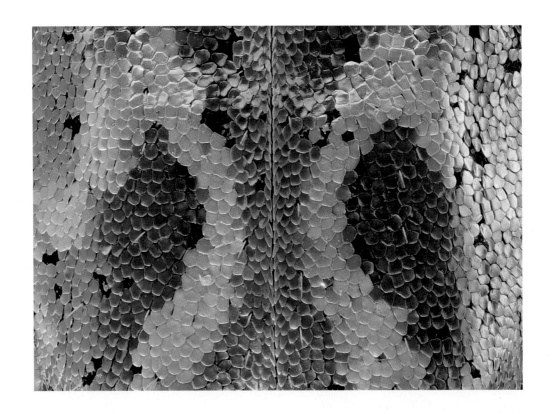

一只虫子的金碧辉煌

—— 土豪金单爪鳃金龟

YIZHI CHONGZI DE JINBIHUIHUANG ↘

    在婆罗洲丛林女孩营地，我们经常可以在灯诱布上看到这样的一类小型金龟子，它体长不过 1 cm 的样子，但却生得金碧辉煌。没有亲眼见到，一般人断然不会想象居然将一只小虫称为土豪金的！

    初看时，它便如同一小块金子般闪光，超微镜头下，你会发现金龟子的头、前胸背板和鞘翅，甚至六足，全都覆盖上了一层金光闪闪的细小鳞片，圆形的鳞片一个挨一个依次排开，无论你从哪个角度看，都是金碧辉煌的！可谓是满"虫"尽带黄金甲啦！照片上的这只是雌虫，而雄虫颜色则略呈橘红色。

    当然，在婆罗洲还有很多不同种类的"土豪金"哦！

满虫尽带黄金甲

花中躲藏着的兰花螳螂若虫

　　一天，几个朋友围着营地门前的花拍着什么，我凑过去一看，竟然是兰花螳螂的若虫。兰花螳螂较为标准的中文名称是冕花螳，在我国的西双版纳等地也有发现。

　　兰花螳螂算是最具网红潜质的观赏性螳螂了，能够把自己装扮成一朵兰花，伏击前来访花的昆虫，也真算是独门绝技了！

　　其实真正称得上拟态兰花的正是兰花螳螂的若虫，而成年兰花螳螂的模样就差得很远了。

　　跟兰花螳螂相似的还有一种黄绿色的肖花螳则更加少见一些。

兰花般的猎手

LANHUA BAN DE LIESHOU

——晃花螳 ↙

黄宽盾蝽的雌雄色彩有着明显的差异

艳俗的椿象

YANSU DE CHUNXIANG

—角盾蝽

角盾蝽是一种东南亚常见的美丽盾蝽

异色四节盾蝽

　　在所有的椿象中，盾蝽可以算是比较另类的。第一是其小盾片非常发达，基本将腹部完全盖住，不像别的椿象至少有一半露在小盾片外面，称得上是椿象界的甲壳虫了；第二个特殊的方面，是盾蝽的色彩往往十分鲜艳，甚至带有金属光泽，这跟其他的椿象也有着本质的差异。当然，盾蝽也具有很多椿象的标志性特点，那就是可以散发臭气！由此看来，说盾蝽艳俗一点儿也不为过了。

　　婆罗洲的盾蝽更是如此，往往同一种类也有不同的色彩变化，让人捉摸不透。

小仙女变身
非主流大美人

—— 大怪网蝽

　　网蝽可以说是椿象中的小清新，也是我最喜爱的蝽类昆虫之一。个头虽然通常较小，仅有 2~3 mm，且以素雅的白色为主，但其身体和翅面上独有的网脉，仿佛披着镶有蕾丝边白纱裙的仙女一般，令人赞叹不已。

　　然而，当我见到这只大怪网蝽的时候，我对网蝽的印象完全被颠覆了。首先是个头，体长居然超过了 10 mm；其次，全身以黄褐色为主，素雅的特质去了哪里？最后，居然没有网状脉纹，代之以密密麻麻的小刻点。每一项听起来都不那么美好！但综合起来却让人眼前一亮，小仙女摇身一变成了非主流大美人！

大怪网蝽的确算是一只大怪了！

蕾丝边瓢蜡蝉

——亚丁杯瓢蜡蝉
LEISIBIAN PIAOLACHAN

说到带有蕾丝边的昆虫，除了网蜡恐怕没有更多类群了。我第一眼看到这只亚丁杯瓢蜡蝉，就跟看到前文提到的大怪网蜡一样惊诧！当然，那时的我也只能判定这是一只蜡蝉，连是否是瓢蜡蝉都不敢确认，更别说瓢蜡蝉的亲戚杯瓢蜡蝉了。

这只虫子实在是超出了我对蜡蝉的认知，首先它在瓢蜡蝉中，算是体型超大的，已经超过了 10 mm；其次，波浪状的蕾丝边镶嵌在前翅两边，仿佛让人有了触手可及的质感；最后，其形状宛若某著名品牌的 logo，只是少了个缺口！该公司要是找了它去代言，也许可以省去不少的广告费用吧？

它像不像苹果公司的商标呢？

啃食木棍做巢的小蓝木蜂

湛蓝的游走者

—— 小蓝木蜂

ZHANLAN DE YOUZOUZHE

在沙巴州的很多山地，只要是百花盛开之处，便能看到一个蓝色小球在花丛中穿梭，这便是小蓝木蜂。事实上，小蓝木蜂通体黑色，但是头部、胸部、腹端及两侧都带有湛蓝色的长长绒毛，使其看上去就是一个毛茸茸的蓝色线球。

我端着相机在花丛、草丛中追逐过多次，却没有任何所获。这蓝色小球行动敏捷，在一朵花上的停留时间极短，就算跟过去，还没对上焦，它已经转移到旁边的花上去了！更甚的是，这蓝色小球的行动轨迹毫无章法可言，观察多次，丝毫无法破译。

不过，老天爷终于还是给了我拍摄蓝色小球的机会。在营地通往小河边的山路两旁，有些较为危险的地段，营地管理者们会插上一些小木棍，拉上一些彩条，以示警戒。时间一长，这些小木棍便会干枯和腐朽。而在这些小木棍上，我发现了小蓝木蜂筑巢的线索，那是一些圆形的咬痕，而且深入木棍内部。看着看着，小蓝木蜂飞了过来，对我这个旁观者也似乎没有什么戒备，专心筑造它的爱心巢穴，筑好之后，蓝色小球将会在空洞中填满从花丛中采集来的花粉、花蜜等，并在上面产卵。幼虫孵化出来之后，便以花粉、花蜜为食，直至化蛹并羽化成另一个毛茸茸的蓝色小球。

生命的图腾

SHENGMING DE TUTENG

——神山猛草螽 ↗

白色背景下的螽斯图腾

　　20 世纪 20 年代英国著名的《自然》杂志曾经有一篇报道，说中国的《战国策》是最早记载叶䗛的文献。后来我也曾找来仔细研读，发现几乎可以肯定是解读者理解错误。

　　模拟叶片的昆虫其实很多，比如鸮目天蚕蛾幼虫，真是惟妙惟肖，一点儿也不输给叶䗛；而模拟叶片最多的类群当数螽斯了！解读者其实没有想过，叶片模拟者从视觉上，其实分为两类：一类是垂直看上去是一个叶片，另一类则是侧面看上去是一个叶片。前面说的叶䗛和鸮目天蚕蛾幼虫都是平躺的叶片，而大多数螽斯"叶片"则是直立的，从侧面看是一片叶子。这也是昆虫"叶片"最常见且最多的。相信《战国策》的作者看到的应该是螽斯而不是叶䗛，毕竟叶䗛太少见了，没有螽斯那么容易被找到。

　　大多数朋友可能都没有见过平面的螽斯，我第一次见到这个好似图腾的平面螽斯是在雪白的墙面上，它就像一枚精致的纹章。后来在植物叶片上发现，其实螽斯身上的这些线条和明暗的颜色变化，都是一种色彩的保护，在多变的自然环境中，它们是很难被敌害发现的。

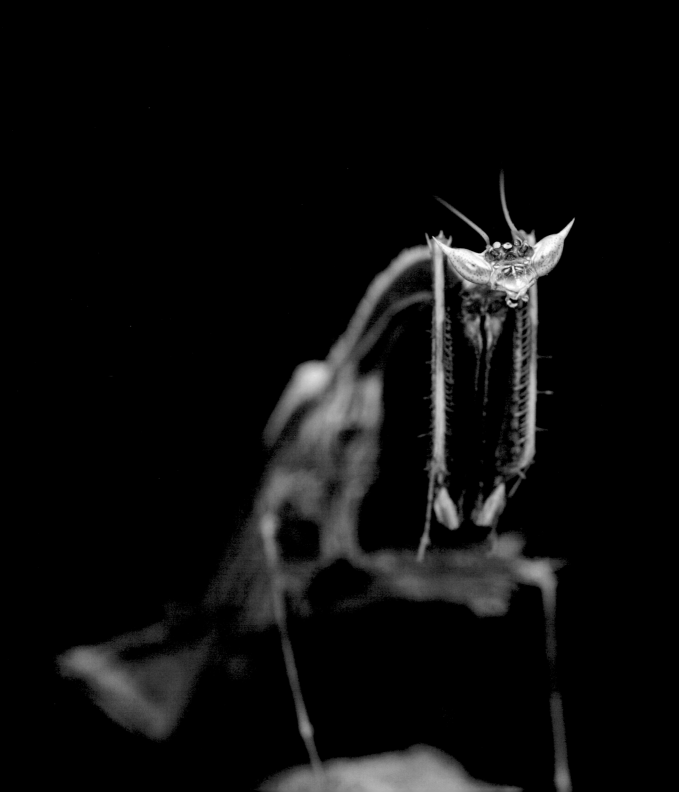

02 丛林隐者
CONGLIN YINZHE

莫西干叶蚱的颜色和周围环境浑然一体

遁形于黄土间

——莫西干叶蚱

↗ DUNXING YU HUANGTU JIAN

见过莫西干叶蚱的朋友，无不为之称奇！半圆的形状，像一个小小的榆钱。这榆钱是它的前胸背板向上的扩展，是一个极薄的片状物。莫西干叶蚱生活在那种黄土和碎石混杂的山路旁，特别是沟渠附近。莫西干叶蚱的颜色和周围环境浑然一体，可以说是一种非常完美的保护色！如果它不跳跃或者稍微挪动一下的话，几乎永远不会有人发现它的存在。

其实，在生境中它的数量是非常庞大的，我曾经随便在一个路边沟渠旁坐下来静静地观察，几分钟之后，居然找到了7只！

我从灯诱的幕布上发现了这只其貌不扬的弧斑齿胫螽，随手将它放在了路边的灌丛中，准备拍个伪生态照。当我准备好相机，转身拍摄时，螽斯不见了！问题是，这并不是一只很小的虫子，体长起码也有 10 cm，而且翅上还有明显的黑斑。找来找去，它竟然在原地没有任何动作。虫的体色和翅上的纹路，乃至黑斑，都几乎跟树叶一模一样。翅的纹路便是叶脉，黑斑则是叶片上虫蛀的痕迹。如此样貌，天敌想要发现，真是太难了。

消失的齿胫螽

——弧斑齿胫螽

↗ XIAOSHI DE CHIJINGZHONG

山道上的
伏地魔
——尼氏蟾蝽

↙ SHANDAO SHANG DE
FUDIMO

蟾蝽在潮湿的山路边爬行

中足则紧紧抱住卵块

　　把蟾蝽比喻成伏地魔一点也不过分，通常看起来很柔弱的水生或者半水生的椿象，其实都异常凶猛，蟾蝽自然也是如此。伏地魔的"伏地"二字，与其扁平的身形极为贴切，其生活环境和活动方式也正是在潮湿的山路边爬行。

　　蟾蝽体表土色，加上一些深浅不一的黑色，难以与周遭环境相分割，很好地掩饰了自己的存在。而"魔"则突显了蟾蝽残暴的本性！首先是略微膨大的前足腿节，适合捕捉小型节肢动物；其次，刺吸式口器宛若一把锋利的匕首，随时会刺进猎物的体内。如果不小心被蟾蝽的刺吸式口器刺进手指，那种钻心的疼痛也会令人终生难忘。

　　当然，蟾蝽也有其温柔的一面。有时，我们会碰到腹部下面带着卵块的雌虫，仔细观察可以看出，这个蟾蝽妈妈是用前足和后足爬行，中足则紧紧抱住卵块。

新猎蝽这样的体色变化，究竟对它的生存有多大的实际意义呢？

树皮下的猎手

—— 赛氏新猎蝽

SHUPI XIA DE LIESHOU

扒开一段已经腐败的枯木的树皮，仔细观察的话，竟能发现这种奇怪的新猎蝽。新猎蝽身体枯黄的底色跟朽木内部几乎一样，而胸部、腹部、翅膀和足上面的颜色斑斑点点，黄色、棕色、黑色都极不规则，跟树皮下的朽木杂乱的色彩相吻合。

近朱者赤，近墨者黑！这个道理非常容易理解。但是在树皮遮挡的朽木干上，有没有必要装扮成与树皮下完全一样的色彩呢？既不能借此伪装自己去捕捉猎物，又不必借此防范树皮外天敌的捕食。那么，新猎蝽这样的体色变化，究竟对它的生存有多大的实际意义呢？

色彩跟长有地衣的树皮并无二致

潜伏在
树皮上的杀手
——婆罗洲广缘螳

QIANFU ZAI
SHUPI SHANG DE SHASHOU

　　广缘螳俗称树皮螳螂，顾名思义就是在树皮上生活的螳螂。生活在树皮上，自然色彩也和长有地衣的树皮并无二致。之所以我们觉得它比较常见，是因为树皮螳螂的雄性比较善于飞翔，并且趋光，常常可以在灯诱布上见到。但树皮螳螂的雌虫不趋光，因此几乎没有人见过它的样子。树皮螳螂身体极为扁平，平时伏在树皮上几乎一动不动，等待猎物从身旁爬过。

　　同时，树皮螳螂非常警觉，往往你走过一棵有树皮螳螂的大树，抬头寻找的时候，它已经躲到树干的另一侧，而刚刚提到的雌性又往往会在大树的顶端隐藏，发现并拍摄到的概率就更加微乎其微了。

这种立体的迷彩装扮，
你几乎是不可能一眼发现它们的

如果说有一种螽斯既长相奇特，又最能隐藏自己，那么非棘卒螽莫属了！棘卒螽顾名思义，其6条腿上有着许许多多尖锐的突起。而前胸背板隆起的一圈尖刺又仿佛像是一个头部的保护伞。棘卒螽的颜色是苍白的淡绿色，翅上和腿上带有黑色的斑纹。这些装扮都与树干上地衣的颜色十分接近。

事实上在野外，这种立体的迷彩装扮，如果虫子保持不动，你几乎是不可能一眼发现它们的。

跳跃的地衣
——傅氏棘卒螽
TIAOYUE DE DIYI

毛虫建筑师

—— 蓑蛾幼虫

MAOCHONG JIANZHUSHI ↗

我曾经在一本书上看见过一个蓑蛾幼虫做的巢，那是用一节一节小木棍儿砌成的，堪称鬼斧神工。2016年2月的一天，居然让我碰到了！那些小木棍如同丈量好了刀削一般，十分齐整，顶部较短，往下越来越长，并形成一个旋转的宝塔形状。我想，即使是人类的能工巧匠，恐怕也要计算一下才做得出来吧？

婆罗洲蓑蛾幼虫的巢变幻多端，除了这种木塔，还有形似海洋生物鲎的，以及类似高山植物塔黄的，有些则像一个高耸的烟囱。

这只蓑蛾幼虫的巢如同旋转木塔

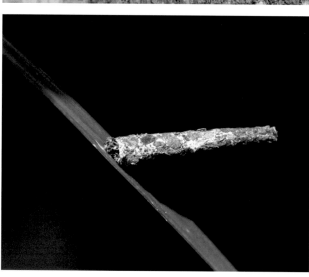

倒挂的枯枝

比竹节虫
更像竹节虫

—— 波氏狭箭螳

BI ZHUJIECHONG
GENGXIANG ZHUJIECHONG

你能看得出这是一只螳螂么？它叫波氏狭箭螳，在箭螳中算是最为苗条的一类了。箭螳科在婆罗洲已经记录的种类大概有十二三种，它们最大的特点就是长得太有特点了！用枯枝螳这个词来定义它们，也许更加准确一些。箭螳本身可以说就是一段没有规则的枯枝，也可以说成是比竹节虫更像竹节虫的另类螳螂。所有的箭螳都有一个三角形的头部，并且有一对很突出的复眼，当然也是三角形的！箭螳的前胸和中胸极为细长，一些种类的中胸还呈弓状。箭螳的中足和后足腿节都有不同形状的片状扩展，三对足的跗节都非常细小，主动不给"枯枝"添乱。腹部的第五和第六节腹板总会有一个向上隆起的片状物。

箭螳的颜色以灰、黑、白、棕等为主，总之就是别想在野外见到它。至今，我所见到的箭螳都是灯诱来的，全都是雄虫！并且我也从未听说有朋友在白天的野外环境中发现过箭螳！箭螳的雌虫则更加神秘，估计是体型略微肥硕，不便飞行，因此连高压汞灯的诱惑都只有置之不理了。

赫氏箭螳

梅氏伪箭螳

平截枯叶螳

卷曲的枯叶

—— 丽纹枯叶螳

↘ JUANQU DE KUYE

　　说起螳螂，人们首先想到的一定是它们的杀手属性。当然，作为一个从小生活在北方的人来说，螳螂无非是绿色、棕色的大型昆虫，毫无特色可言。到了南方，特别是见识了婆罗洲热带雨林的螳螂之后，才发现保护色和拟态在螳螂多样性方面也是非常突出的。

　　多数的雌性螳螂都不具有趋光性，因为它们的腹部往往相当肥硕，难以起飞。在野外发现这样一个杀手并不容易，它们往往停留在、倒挂在叶片的下方，静候猎物的光临。

　　右图是一只雌性的丽纹枯叶螳，它的颜色跟干枯的树叶极为接近。丽纹枯叶螳雌虫的前胸背板感觉非常随意，呈不规则的菱形，上面还有两个圆形的透明斑，仿佛是叶片上的破洞。丽纹枯叶螳雌虫前翅卷曲，紧紧地包裹住腹部，上面的"叶脉"清晰可辨，犹如一卷干枯的叶片。

丽纹枯叶螳雌虫

酷叶䗛交配

叶䗛可以说是最著名的拟态昆虫了！特别是雌性的叶䗛，不仅形状像一片树叶，而且翅上的脉纹也模仿得惟妙惟肖。更加神奇的是，多数叶䗛的背面翠绿色，而腹面却是墨绿色，这跟植物叶片的正反面正好相反！究其原因，叶䗛在自然环境中是倒挂在叶子背面的。因此，说它是一片真实的树叶，一点也不为过。

亲眼在野外见到叶䗛，可以说是所有昆虫学者和爱好者梦寐以求的事情。但，就算是非常有经验的捕手，在丛林中发现叶䗛的踪迹，也是几乎难以达成的目标。

在位于马来西亚沙巴州特鲁斯马迪山的婆罗洲丛林女孩营地，我们一共记载了7种叶䗛。然而，数十年来只有酷叶䗛曾经有一只雌性成虫的记录。叶䗛的雄虫有趋光性，并善于飞翔，所以才让人们得以了解有如此之多种类的叶䗛生活在营地的周围。

惟妙惟肖的叶片
——酷叶螽

酷叶螽雌虫

杂黄丽叶螽雄虫

我到现在也不知道是如何鬼使神差地发现这只黑色竹节虫的！一截枯死的藤蔓植物的枝条，上面还留有几片没有掉落的枯叶，枝条和卷曲的枯叶已经完全失去了原有的绿色，变为了若明若暗的黑色。真的难以想象，就在这一段普普通通的枯枝烂叶上，居然趴着一只竹节虫！这竹节虫居然也是若明若暗的黑色，与枯枝烂叶高度地融合成为一体。

生命的演化实在是太令人惊叹了！试想，这只竹节虫即便演化成了这般模样和色彩，它又是如何找到这样一段枯枝烂叶，静悄悄地伏在上面呢？这恐怕真的将是一个永远解不开的谜题……

这只竹节虫即便演化成了这般模样和色彩，
它又是如何找到这样一段枯枝烂叶，静悄悄地伏在上面呢？

绿色的叶片上停息的永远是绿色的叶螳

叶螳的形状确实有些像放大了的莫西干叶蚱，也是身体上竖起一个片状的扩展。但叶蚱的扩展是源自前胸背板，而叶螳却是它的前翅直立起来形成的。叶螳非常有意思的一个地方在于它的颜色，叶螳的颜色往往跟它栖息的环境有关，绿色的叶片上停息的永远是绿色的叶螳，黄色的叶片上停留的多半是黄色的叶螳。这个颜色的变化，不知道是出于它自己本能的变化，还是对周围环境的适应变化，就像变色龙一样？但看样子并非如此！叶螳的颜色变化更像是若虫期食用了生活环境中的叶片，使它的颜色接近栖息的环境。但究竟是什么原因，还有待进一步观察和研究。

多彩的叶片
——婆罗洲叶螳
DUOCAI DE YEPIAN

枯叶蝽在落叶中实在很难分辨

残破的枯叶片段

CANPO DE
KUYE PIANDUAN

—— 枯叶蜢

另一种枯叶蜢

从昆虫分类的角度，蝗虫可以分为 3 类，通常分别称其为蚱、蜢、蝗。前文我们介绍了莫西干叶蚱和婆罗洲叶蝗，它们有一个共同的特点，就是身体呈片状。在蜢这一类蝗虫中，也有类似的现象，那就是枯叶蜢。

枯叶蜢可以说是上述两类蝗虫的结合体，它的片状扩展是由前胸背板和翅膀组合而成。扁平的前胸背板和前翅上有着十分精细的叶脉的脉络，甚至部分个体在前胸背板上还有一个圆形的透明斑，就像是叶片上的破洞。枯叶蜢并非一个完整的叶片形状，而更像是一小片残破的植物枯叶。这应该就是它们长期以来，对其生活的地面落叶层环境的一种适应吧。

丽翅细颈螽

丽翅细颈螽

丽翅细颈螽

婆罗洲到底有多少种叶子?

—— 拟态叶子的螽斯

POLUOZHOU DAODI YOU
DUOSHAO ZHONG YEZI?

肘隆螽

塑料玩具一样的力神巨拟叶螽

    我一直有一个疑问，那就是婆罗洲究竟有多少种"叶子"呢？我这里说的"叶子"其实并不是指的植物的叶片，而是那些拟态成叶子的昆虫。前面我们已经提到了叶螬、螳螂和蚱蜢，其实丛林中更多的"叶子"竟是那些形形色色的、令人叹为观止的螽斯！

    国内最大的巨拟叶螽，在这里有好几个它的亲戚，只是都不太容易见到；丽翅细颈螽探头探脑，生就一副滑稽的搞笑模样，却也有着好几种不同的色型；褶缘螽和肘隆螽更是把叶子演绎得惟妙惟肖。

婆
罗
洲
异
虫
志

草叶上休息的珀氏玛异竹节虫，
已经稍微感到了危险，将一条中足抬起。

嘎蔷竹节虫

苦鞭竹节虫

竹节？棍子？
究竟像什么？

—— 珀氏玛异竹节虫

ZHUJIE?GUNZI?
↗ JIUJING XIANG SHENME?

　　我不止一次听到这样的说法："那边有一片竹林，里面一定有不少竹节虫。"了解竹节虫习性的朋友，一定感到很可笑，因为竹林里几乎是没有竹节虫的！

　　竹节虫的英文叫作"walking stick"，即行走的棍子，相对中文来说似乎更加贴切一点。但是，竹节虫通常都在晚上取食和交配，白天大多时间都在睡觉，更确切地说，是找个地方藏起来以免被捕食者发现！所以，见到行走着的棍子的机会也不是很多，除非你惊扰了它们。

　　白天寻找竹节虫是需要足够的经验或者眼力的。婆罗洲的竹节虫种类相当多，白天的时候，它们依靠自己的体色隐匿起来，有些把身体伏在树干上，这时它们会将六足完全伸展开且与身体一样紧紧贴合在树干上。这些竹节虫的体色往往跟它们停歇的树干颜色几乎一样，有的仅仅是深浅不一的斑驳颜色，有些则是与树干上的苔藓融为一体。而一些喜欢在草丛中生活的竹节虫，则会伏在狭长的草叶上，尽量将触角和前足、中足向前伸展，而后足则向后伸展，达到藏匿的最佳效果。

橙色大蚊

橙色系昆虫之谜
—— 拟茧蜂螳蛉

CHENGSEXI KUNCHONG ZHIMI ↘

颠覆认知的橙色螳蛉

婆罗洲丛林女孩营地附近有一个平台，平台处于一个垭口的位置，天气晴朗特别是阳光明媚的午间，是观察飞行昆虫的绝佳地点。这些白天活动的昆虫，往往体型较大并且色彩艳丽，比如那些五彩的天牛、象鼻虫、花金龟，甚至巨型的土蜂、蛛蜂等。

第一次见到拟茧蜂螳蛉也是在这个平台上，当时一个当地朋友指着昆虫网里的一个小虫子问我是什么？隔着网子，我一下子居然没有认出是什么目的昆虫。很明显，橙红的体色影响了我的判断，完全颠覆了之前我对螳蛉的认知！

后来我咨询脉翅目专家，被告知这是一种拟态茧蜂的螳蛉。拟态茧蜂？螳蛉为什么要拟态茧蜂？一个捕食者，会去模拟一个毫不相干的寄生蜂？显然，这种说法过于牵强！

不过，我很快便发现了色彩几乎完全一样的茧蜂，不仅体色几乎完全相同，甚至腹部腹面或多或少都带有白色。然而，离奇的事情越来越多，在同一地点，同样的明媚阳光之下，我居然陆陆续续发现了更多的橙色昆虫，除了茧蜂之外，还有透翅蛾、大蚊、猎蝽、叩甲、水虻等。

这些昆虫除了都以橙色为主，翅上或多或少带有黑色斑点，腹部腹面大多数带有白色。这究竟是谁在模拟谁呢？这个问题困扰了我很久，直到有一天，我在平台上想观察到更多的橙色系昆虫时，面对阳光，突然恍然大悟！这橙色，不就是阳光的颜色吗？这些柔弱的小虫，在阳光下飞行，橙色便是它们最好的伪装了！

带有超长产卵器的橙色茧蜂

黑尾突胸叩甲

橙色透翅蛾

拟茧蜂螳蛉

自备叶绿素的蚱蜢

—— 砧背扁角蚱

↙ ZIBEI YELÜSU DE ZHAMENG

　　跟大多数蚱的生活习性接近,砧背扁角蚱也生活在较为潮湿的环境中。但由于栖息地在雨林中,这里潮湿的地方往往长满了苔藓,无论是石块上还是朽木上。所以这种蚱蜢夸张的前胸背板不仅有着棘刺般的突起,而且上面星星点点长着一些"绿藻"。放大这些部位之后,我依旧无法相信这是动物身体的一部分,而不是植物!

前胸背板上的棘突，星星点点长着"绿藻"

小棒拟光蠊雌虫

潮湿的
雨林地面

—— 小棒拟光蠊

CHAOSHI DE YULIN DIMIAN

↗

婆罗洲雨林内部，常年都是潮湿的，即便外面是火热的烈日，林下依旧湿漉漉。地面遍布各种各样的落叶，加上树叶间隙透进来的几缕阳光，显得既阴暗又色彩斑斓。落叶层应该说又是一个鲜为人知的生态系统，里面生活着无数的小生命。

这张照片拍摄于神山脚下的原始雨林中，里面隐藏的两只枯叶一般的小强，你看到了吗？

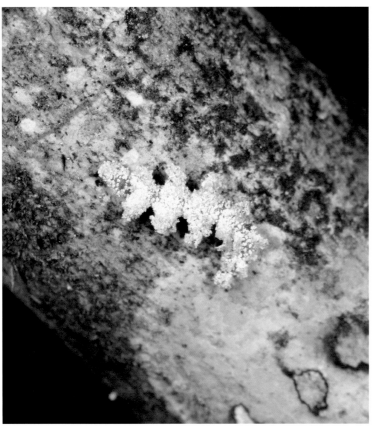

行走的地衣

在同一地点发现的地衣点孔夜蛾成虫，
也许就是地衣毛虫长大后的样子。

　　在婆罗洲，真不知道有多少种模仿苔藓和地衣的昆虫，它们在树干、石块上自由地生活，不仅没什么人可以轻易发现它们，就连敌害也几乎对它们视而不见，这就是拟态的魅力！发现这些形形色色的奇异物种，也就成了我在婆罗洲寻虫的最大兴趣点之一。但在雨林中，发现它们实在有些不容易。通常情况下，如果虫子一动不动，几乎没有发现它们的可能。有时候，虫子动作小或者比较迟缓，也是不容易发现的。这只目夜蛾科的毛虫并不是简单地模仿，而是将地衣碎片沾粘在身体上，与环境融为一体，只是它自己行动的时候比较愚蠢，动作太大，一拱一拱的，只要移动，就轻易被发现了。

树干上的苔记

——腐叶螽

这类腐叶螽在婆罗洲其实是非常多的，只是除了被灯光吸引来的之外，在自然状态下，确实很难见到。原因只有一个，它们的伪装实在是太好了！与环境融为一体，绝不是吹出来的，你能试着在照片中发现它的存在吗？难以发现的原因还有一个，就是它们几乎不会移动，特别是在白天。

这类腐叶螽的色彩也是多种多样，适合各类树皮的颜色，仿佛是跟树皮上的苔藓地衣商量过似的。

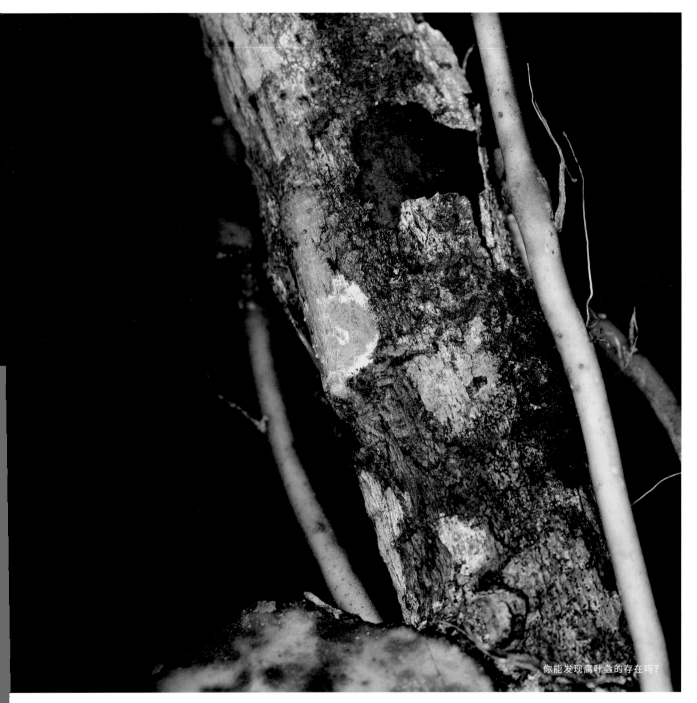

你能发现腐叶螽的存在吗？

树干上遍布丝道

给自己造一片天罗地网

——裸尾丝蚁

GEI ZIJI ZAO YIPIAN
TIANLUODIWANG

裸尾丝蚁雄成虫

丝道中的雌成虫

在雨林中沿小路行走，一棵大树挡在了路的中央。既然被挡住了，就顺便找找树干上的虫子吧！不看不知道，一看吓一跳，这棵树跟周围大树比起来，还真的有些与众不同。首先，树上附着的青苔、地衣等植物很少，即便是有，也是稀稀拉拉，不成气候。唯一特别的就是树干上遍布一片一片的"蛛网"，遮挡住了树皮上那些"沟壑"，这显然不是蜘蛛所为！将信将疑地撕开一片一片"蛛网"，终于让我发现了网的主人。这是一种纺足目的昆虫，名曰足丝蚁。

足丝蚁可以说是一类极为有趣的昆虫，它的前足膨大，可以纺出丝线，足丝蚁就生活在自己织出的"天罗地网"之下。足丝蚁的成虫雄性有翅，成年后就飞出巢穴，寻找它的另一半。而雌性和所有的若虫，一生都是在丝网下度过的。足丝蚁除了少数寄生性的天敌之外，似乎很少有被捕食的报道，丝网有效地保护了这些弱小的生命。换句话说，这些天罗地网实际上是足丝蚁的终极保护伞。

虎甲是我们在山路上经常可以观察到的一类昆虫，人们常常称之为带路虫，这是因为在山路行走，它永远飞在你前面。虎甲给人的印象就是这样的灵活机动、充满活力。即便是生活在路边灌丛叶片上的种类，也一样行动敏捷。

其实我更愿意称其为拦路虎，因为它有着更鲜明的特性，那就是十分凶悍，虎甲尖锐且突出的大颚，加之敏捷的身手，足以让路上的小虫万劫不复。

这些凶猛小"兽"在童年也同样是肉食性"猛兽"，只不过它们是伏击型的。我们在山路边的土壁上，时常会发现一些圆形小孔，没有耐心的朋友往往会忽略它。但如果你能够静静地守在这些小洞口旁慢慢观察，不一会儿，也许就会发现一个小小的平整脑袋顶在了洞口处，隐约也有着一对尖锐的大颚。此时，如果有小虫从洞口旁经过，它就会猛扑过去，将其拖入洞中。这便是虎甲的幼虫，虎甲幼虫的特别之处，还在于它的腹部居然有一对突起的倒刺，以保证身体不会被敌害或强劲的猎物拖出洞。

在同一地点发现的科比小虎甲成虫，
土壁上的小"猛兽"长大后是不是这个样子呢？

虎甲幼虫全身照，可以清晰看到背部的倒钩，
防止被猎物反拖出洞口

03 光怪陆离
GUANGGUAILULI

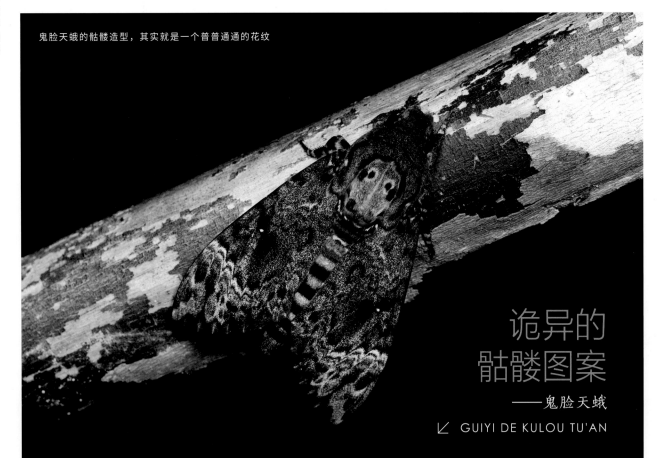

鬼脸天蛾的骷髅造型，其实就是一个普普通通的花纹

诡异的骷髅图案
——鬼脸天蛾
GUIYI DE KULOU TU'AN

在电影《沉默的羔羊》海报上，女孩嘴上停着一只胸部带骷髅图案的蛾子，它就是大名鼎鼎的鬼脸天蛾。其实，鬼脸天蛾的骷髅，不过是一个普通的图案而已，并不代表任何恐怖含义。

除此之外，鬼脸天蛾还是少数能够发出声音的蛾类。最近，科学家利用先进的设备，揭示了鬼脸天蛾发声的原理。鬼脸天蛾的发声系统由两部分组成，类似手风琴，可通过快速活动制造声音。

更为神奇的是：鬼脸天蛾还有另一个异常行为，那就是偷袭蜂房，窃取蜂蜜。据说，鬼脸天蛾发出的声音还是模拟蜂王的声音，以达到混入蜂巢的目的。

左右两个"蛇头"是乌桕天蚕蛾的标志

广泛分布于亚洲热带地区,特别是雨林深处的乌桕巨天蚕蛾,被认为是世界上最大的蛾类,其翅展可以达到 30 cm。以面积来计算的话,乌桕巨天蚕蛾庞大的翅膀最高纪录可以达到 400 cm^2。乌桕巨天蚕蛾的拉丁学名和英文名中的"atlas"源自希腊神话中泰坦神族的擎天之神阿特拉斯,以彰显它的硕大,故很多地方也称其为皇蛾。乌桕巨天蚕蛾的前翅顶角斑纹酷似蛇的头部,因此也被称作蛇头蛾。

普遍来说,婆罗洲的乌桕巨天蚕蛾比起中国南方的个体体形偏小,也许是因为热带地区昆虫生长发育较快吧。

雨林中的巨蛾
——乌桕巨天蚕蛾

多棘三叶虫红萤

远古三叶虫的化身

——红缘三叶虫红萤

　　部分红萤的雌性成虫，保持了幼虫的体态，看上去跟早已灭绝的远古节肢动物三叶虫极为相似。这种成虫阶段依旧保有幼虫形态的特性，被称作幼态持续。

　　婆罗洲的三叶虫红萤有好几种，其中最漂亮的是分布在马来西亚沙巴州神山一带的红缘三叶虫红萤。婆罗洲形态最为特殊的则是分布于印度尼西亚加里曼丹中部的多棘三叶虫红萤。如果有幸在野外遇到倒伏已久、略有腐烂的大树，翻开树皮，有时就会发现它们的踪迹。

　　三叶虫红萤的雄虫则是外貌极为普通的软鞘小甲虫，多数情况下黄黑相间。三叶虫红萤的雌雄差异还体现在个头上，雌虫大的有 5~6 cm，而雄虫却仅有 1 cm 左右！这种差异，使得人们很难将它们准确联系在一起。拍到它们的交配行为，也是每个昆虫摄影师梦寐以求的事情。

红缘三叶虫红萤

毛与鳞片覆盖着的毛腐球金龟

滚过来，滚过去

—— 毛瘤球金龟

缩成圆球的毛瘤球金龟

金龟子多奇葩！球金龟自然是其中最为神奇的类群之一。通常，我们形容一只昆虫的大小往往以体长作为依据，但到了球金龟这里，却不知如何测量，只好以直径来表达了。最大的球金龟直径不过 5 mm 左右，算是小型昆虫了。顾名思义，球金龟在受到惊吓后直接缩成了一个圆球。我们将其放大来看，更能感到昆虫世界的变幻莫测之所在。

球金龟的身体，包括头、胸、腹、足等都严丝合缝，缩成一个球状。所有多余的地方全都收到了身体中间，不得不让人感叹大自然的神奇。

从圆球状态"苏醒"过来的毛瘤球金龟

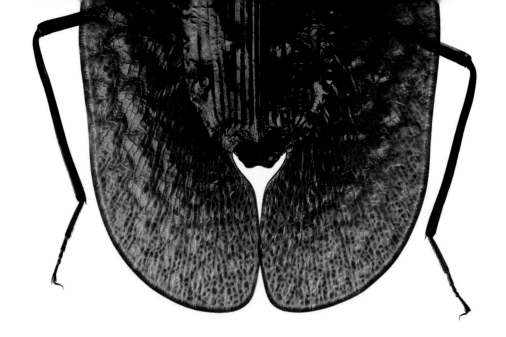

雨林中的梵婀玲

—— 叶状琴步甲

YULIN ZHONG DE FAN'ELING ↗

　　1995 年夏天，我第一次在印度尼西亚雅加达机场看到了作为旅游商品出售的小提琴步甲标本，外国昆虫画册中的奇虫突然出现在我的眼前，激动的心情溢于言表。从那一刻开始，亲眼见到活着的小提琴步甲成为了我的小小梦想之一。之后许多年，我曾四处寻找它的踪迹，从印度尼西亚的爪哇岛、龙目岛、巽他群岛、科莫多岛，到泰国北部、南部，再到马来半岛，最后终于在婆罗洲得以相见！

　　琴步甲是一种大型甲虫，身体极为扁平，鞘翅边缘有很宽大的片状扩展，形状就像一把小提琴。琴步甲的幼虫生活在大型层孔菌之中，其对生存条件的要求极为严苛，因此只有在非常原始的雨林才能发现。

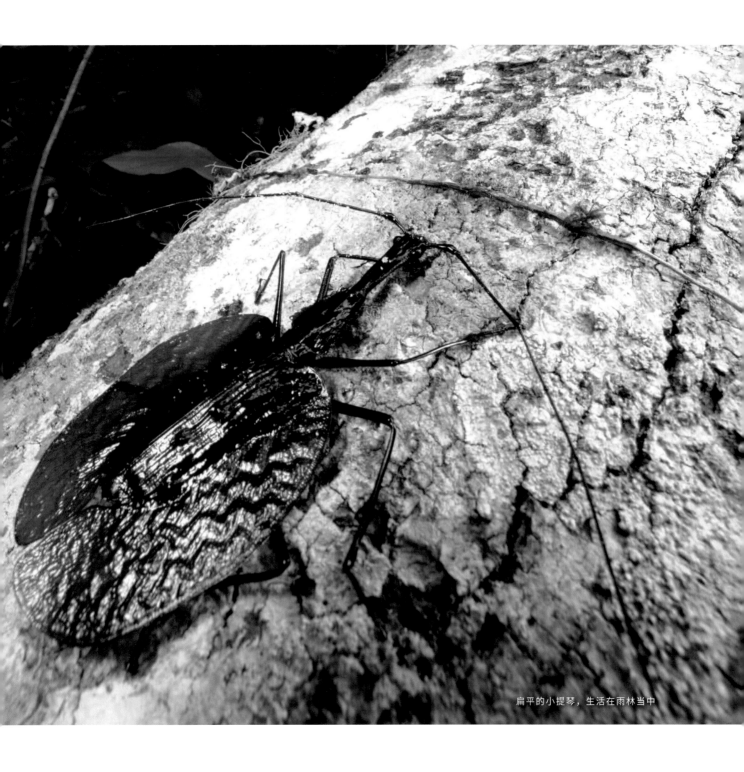

扁平的小提琴，生活在雨林当中

做"啮"，
也可以很美丽
——毛角丽啮

↙ ZUO"NIE",YE KEYI HEN MEILI

红头丽啮

婆罗洲真是个神秘的所在，就连啮虫都生得如此怪异。仔细观察的话，丽啮科的种类在这里经常可以见到，这是可以颠覆你传统观念中啮虫长相的类群。

我第一次拍到丽啮的时候，一时间竟不敢判断眼前的小虫到底属于哪个目！它的前翅呈弧形，将身体盖住，乍一看，像极了一只小小的瓢虫。细看的话，又有点像一种长角石蛾的缩短版。多拍几次发现，丽啮不仅有通体黑色的，还有头胸部为红色的、橙色的，甚至还有些种类的前翅闪烁着金属的光泽，部分种类还长有奇葩状的毛刷状触角。

毛角丽啮

甲虫还是小强？
傻傻分不清！

—— 囧纹甲蠊

↗ JIACHONG HAISHI XIAOQIANG?
SHASHA FENBUQING!

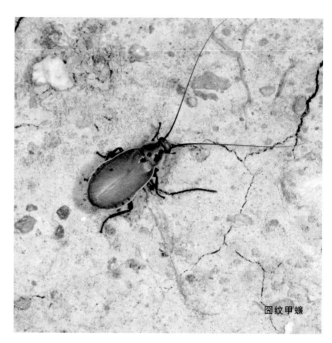

囧纹甲蠊

这里有一只行动极为敏捷的甲虫！一不留神，它居然悄无声息地飞走了。你看出来了吗？这个甲虫似乎有些非常奇怪的地方。是的，仔细观察，它的触角非常长，而且分为数十节，而甲虫的触角只有 11 节，显然它并不是一只甲虫。

这其实是一种叫作囧纹甲蠊的蜚蠊，也就是我们常说的小强家族的一员。我们通常所见到的小强的翅膀的前翅基本是左边斜压住右边，相互交叉的。但这种囧纹甲蠊，它的翅膀就像甲虫一样，从中间分开左右对等，如果不是数十节长长的触角，真的是很难一眼分辨出来。

囧纹甲蠊还有一个相近的种类：双色甲蠊 —— 更加常见一些。类似的情况，在婆罗洲还可以见到不少，比如瓢蠊和棕鳖蠊，但细看的话，其实前翅还是多少有些交叉，并非囧纹甲蠊那样完美。

双色甲蠊

螽斯里的硬汉

——折翅鞘螽

ZHONGSI LI DE YINGHAN

↘

折翅鞘螽成虫摸起来就是一个坚硬的甲壳虫

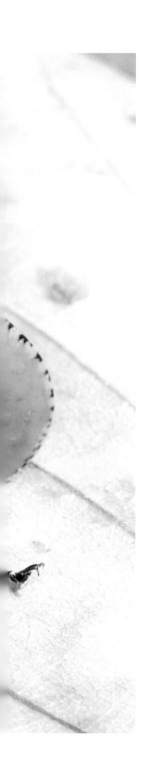

折翅鞘螽若虫宛若一只蓝色的叶甲

在庞杂的昆虫世界中，除了甲虫之外，好像极少有其他种类的前翅非常坚硬。

这种折翅鞘螽应该说是一个罕见的特例！卵圆的体型，虽然在螽斯中已经算是有些特立独行，但只有将其拿在手中，才能感觉到它真正的特别之处。折翅鞘螽的前翅十分坚硬，其程度并不输给大多数的甲虫。

更为神奇的是，折翅鞘螽的若虫体型近乎半球，外观像极了带有绿色金属光泽的叶甲。从若虫到成虫，都与甲虫有着极高的相似度，这在直翅类昆虫中，怕也是独一无二的了。

除此之外，折翅鞘螽还有一个生存诀窍，那就是遇到危险直接躺下装死。

折翅鞘螽的另一诀窍是遇到
危险直接躺下装死

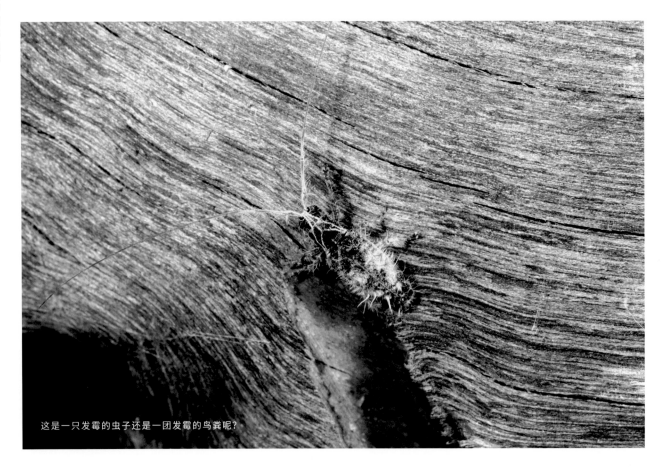

这是一只发霉的虫子还是一团发霉的鸟粪呢？

发霉的鸟粪
—— 多毛天牛

在雨林里面一只死虫子或者一块鸟粪，变质、发霉、长毛是非常稀松平常的事情，如果仔细观察的话，你会发现这种现象比比皆是。

你瞧，这里就有一个发了霉长了毛的家伙！静止的时候，它就是一个发霉的虫子或者鸟粪，一旦跑起来它却十分灵活。这居然是一只天牛，它身体上的斑纹如同鸟粪黑白黄相间，显得杂乱不堪。更为特别的是，它的身体包括三对足和触角在内，都长满了长短不一的白毛！

雨林的神奇真是令人惊叹不已！

这些长毛应该是象鼻虫的角质层分泌出的蜡状物质

为了伪装自己，昆虫们也算是煞费苦心了！

这种苦象甲族的未知种类，其前胸背板和鞘翅上面长有长短不一的黄色和棕色长毛，显得杂乱不堪，把自己装扮得跟长了霉菌一样，这简直就是一种躲避天敌捕食的绝佳方法！这些长毛应该是象鼻虫的角质层分泌出的蜡状物质，这些长毛虽然奇特，但似乎对它们的活动能力并没有丝毫影响。

这类神奇的象鼻虫，属于苦象甲族，具体种类不详，在我国云南也曾发现过。如果不是隐藏得太好，想必在东南亚一带还会有不少种类已经被发现了吧。

长毛怪象甲

——蜡苦象甲

↗ CHANGMAOGUAI XIANGJIA

卓氏梳棒角甲的触角像鱼骨呢？还是梳子呢？

如果评选最怪异的甲虫,我想应该非棒角甲莫属了!

棒角甲说起来至少有三大怪:首先,当然是它的触角,棒角甲是步甲科的一个亚科,但其触角却截然不同,说是棒状,其实它的形状是难以形容的,而且不同种类之间的差异极大;其次,棒角甲的生活环境诡异,是一类与蚂蚁共生的甲虫,偶尔你会在土栖蚂蚁的窝中发现,据说它的幼虫有着蚂蚁的味道,不会被蚂蚁伤害,专门隐匿在蚂蚁窝中取食蚂蚁的幼虫;第三,棒角甲在受到惊吓的时候,会喷出高温的气体,不仅有一种酸臭的味道,而且会有灼伤的感觉,这种行为跟屁步甲极为接近。

婆罗洲的棒角甲有多个种类,几乎都很难见到。

节棒角甲的触角像不像是
倒过来的小蚰蜒呢?

山字扁棒角甲,触角像个"山"字

这个天牛
真有两把梳子
—— 赫氏栉角天牛

ZHEGE TIANNIU
ZHENYOU LIANGBA SHUZI

赫氏栉角天牛

赫氏栉角天牛

　　天牛给人们的印象总是有着长长的一对触角，就像两根鞭子一样。然而，事物总有例外。

　　栉角天牛在婆罗洲有好几种，它们共同的特点就是触角每一节都有一个长长的枝状凸起，看起来宛若两把大大的梳子。有这两把大梳子在头前晃来晃去，在人类看来多有不便，其实栉角天牛自己恐怕也觉得有些不方便，所以它们的触角经常是往后背的。这种形状的触角究竟在栉角天牛的生活中起到一个什么样的作用？目前还没有一个令人信服的说法。

　　栉角天牛的幼虫钻蛀那些状态不好的龙脑香科植物的树干，一个生命周期大约两年，其中幼虫期约 20 个月。

看得开的五纹宽头实蝇

最看得开的实蝇

——五纹宽头实蝇

ZUI KANDEKAI DE SHIYING

　　人们常称突眼蝇为最"看得开"的苍蝇，其实在种类繁多的苍蝇世界中，不仅是突眼蝇看得开，还有其他一些看得开的种类。例如五纹宽头实蝇，它的头部仿佛一个圆柱形的小棍子，直挺挺地在身体前面晃来晃去。整个头部分成三个部分，两侧的眼部(包括复眼和眼柄)各占去三分之一; 并且眼部超过三分之二是它的眼柄，只有端部红色部分才是复眼，由许多小眼面组成。五纹宽头实蝇的翅膀带有黑色的斑纹，十分引人注意。

　　这种五纹宽头实蝇偶尔会出现在人们生活的场所周围，有时你会在晾晒的衣服或毛巾上发现，偶尔也会出现在厕所的窗户上，生活规律十分难以捉摸。

象甲一样看得开

—— 双髻长角象

前文提到最看得开的实蝇——五纹宽头实蝇不同于突眼蝇延长的眼柄，而是头部向两侧延长，只有端部才是复眼。而这种产自婆罗洲特鲁斯马迪山的奇异象鼻虫，居然跟五纹宽头实蝇有着异曲同工之妙！它的头部向两侧极具延伸，两侧延伸的长度几乎等同于头宽，一只 10 mm 左右的小黑象甲竟有如此独到之处，实在是令人叹为观止。不过，也只有雄虫才看得开，它的雌虫依然是很普通的样子。

令人惊奇的是，双髻长角象突眼的作用居然跟突眼蝇一样，都是雄性用来争夺配偶挑起战争用的。眼宽的一方往往可以轻而易举地获得胜利，赢得美人归。

同样看得开的象鼻虫

长尾巴的甲虫

—— 圆鳞锥象甲

↙ ZHANG WEIBA DE JIACHONG

在婆罗洲，真的是只有你想不到，没有虫做不到！毫无疑问，所有的甲虫都是没有尾须的！这应该是一个亘古不变的真理。但是，离奇的事情居然让我见到了。这只象甲居然长出了一对长长的"尾须"。

这是一种名为圆鳞锥象甲的三锥象，全身狭长，头部尤为明显。跟其他大多数象鼻虫一样，圆鳞锥象甲具有假死性。只要遇到危险，就会立即倒地装死。但圆鳞锥象甲假死时并不像其他象甲那样缩成一团，而是像竹节虫一样前足和触角向前伸直，中足、后足和"尾须"向后伸，拼命把自己装扮成一截小木棍的样子。我把圆鳞锥象甲拿在手上端详，发现它的一对"尾须"居然很硬，不能活动。再一细看，哪里是什么"尾须"，居然是鞘翅的一部分。鞘翅端部延长出一个长长的"尾须"，难道它的作用就是让自己假死的时候更像一截小木棍？

刚刚从假死状态"苏醒"过来的雄性圆鳞锥象甲

雌性圆鳞锥象甲"尾须"稍短

长腿三锥象真算是甲虫中的小丑了，几乎每次见到都会有一种忍俊不禁的感觉。长腿三锥象棕红色，前胸背板枣核型，身体较长。最搞笑的莫过于它的后足，极度延长，几乎相当于甚至超过整个身体的长度，但行动起来却显得东倒西歪，感觉是小丑表演一般。仔细观察发现，其后足不方便竟然是因为它的腿部转节超长，几乎取代了腿节的位置，而真正的腿节又十分短，变成了转节和胫节之间的联动装置，于是动起来难以协调，变得跌跌撞撞了。

长腿三锥象有时会在倒木的树皮下面被发现，其成虫也具有较强的趋光性。

小丑般的长腿三锥象

仰望高端玩家

YANGWANG GAODUAN WANJIA

——卡氏摩螽 ↗

　　说到昆虫中的小丑，恐怕非这种卡氏摩螽莫属了。卡氏摩螽是一类善于跳跃的小型无翅螽斯，头大，触角长丝状，复眼突出，后足发达，雌虫带有弯刀状的产卵器，身体比例严重不协调。要不是修长的跳跃足在那里支撑着，感觉就像立刻要大头朝下翻滚下去了。

　　卡氏摩螽的复眼白色，上部犹如神来之笔，涂了一弯黑色。这黑色简直就是画"虫"点睛，侧面望去，卡氏摩螽好像在向你偷窥，从头前特别是上方看去，又有一种怯懦的感觉。令人不禁想起一句网络名言：仰望高端玩家！

其实，这种站立的姿势，可怜的华莱士圆榕象实在是坚持不了多久。

半球形的甲虫
——华莱士圆榕象
BANQIUXING DE JIACHONG
↗

　　每次见到华莱士圆榕象，我都感到十分滑稽。这是因为这种少见的象鼻虫只发现于灯下，我们并不知道它自然生活时的状态。它给我的感觉，就像一只背部高高隆起的小型陆龟，但却完全没有陆龟的沉稳，也许是它的六足太长，走起路来跌跌撞撞，一不留神就滚落到一边去了。希望它真实的生活环境不是我们看到和设想的这样吧。

　　华莱士圆榕象是 2018 年基于特鲁斯马迪山所产标本发表的新物种，其种名是向著名生态学家华莱士致敬。

水面上的游丝

—— 游丝尺蝽

　　婆罗洲游丝尺蝽的粗细程度可能只有国内常见尺蝽的几分之一,不能说细如发丝,却也是极细的了。如果你有幸在野外观察到游丝尺蝽的活动,也许会跟我一样,找不到更多的词来形容了。

　　游丝尺蝽通常生活在河流两侧回水处的较为平静的岸边。我观察过多次,基本上就是在陆地边的水面上游走,有时也会跑到陆地上来。它们动作轻盈、速度很快,加之身体极细,一不留神,就不见了踪影。

　　虽然体如游丝一般,游丝尺蝽依旧算是很厉害的杀手,水面上活动的微小昆虫,就是它们的终极猎物。

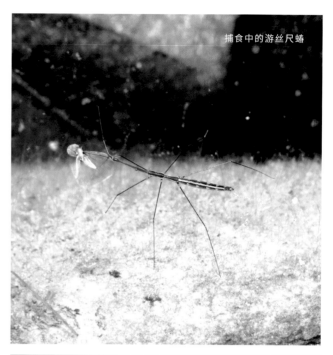

捕食中的游丝尺蝽

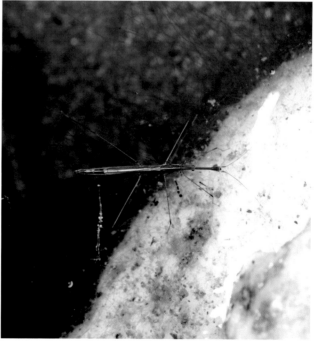

受惊吓时翻出黄色游泳圈是螽斯中罕见的现象。

神奇的游泳圈

——施氏疹翅螽

SHENQI DE YOUYONGQUAN

　　这是一种几乎全黑的螽斯，本可以算是丑陋至极了。但前翅上那些天蓝色的碎斑，一下子提升了它的档次，显得低调、优雅，与众不同。

　　晚上夜探，手电光在路边的蕨类植物上扫过，我发现了这只特别的螽斯，正想仔细观察并拍照的时候，它似乎感受到了来自外界的威胁，头部和前胸背板之间突然挤出一个明黄色的气囊，犹如一个游泳圈，等我拍了两张之后，游泳圈又迅速退去，一切恢复了原有的样子。

　　我想，这应该也是螽斯自我防御的一部分吧。突然出现的明黄色游泳圈，足以让潜在的敌害为之一惊，明黄色迅速退去，又会让敌害不知所措。

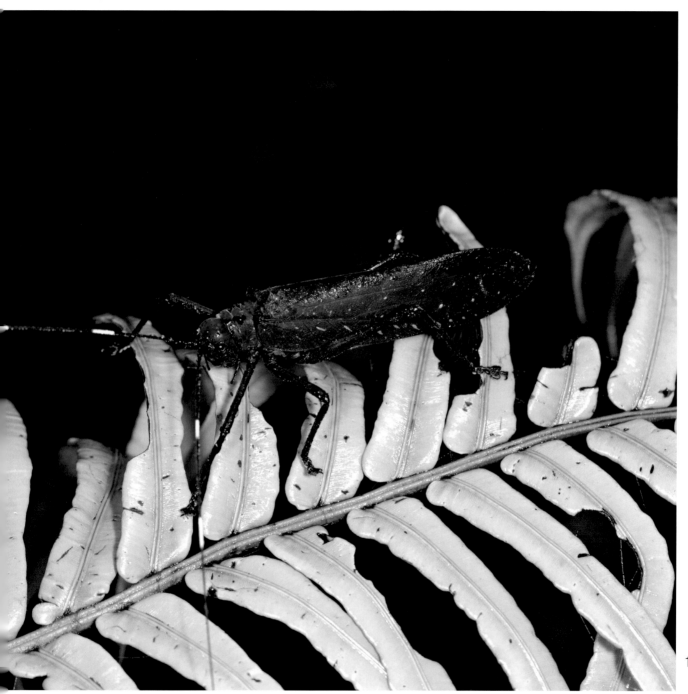

头上长角的
怪诞之王
—— 细竿角蝉

  角蝉在昆虫界算是最为怪异的类群之一了，喜欢昆虫的人，应该都会惊叹角蝉之奇。

  其实，长角的并非头部，而是前胸背板的扩展。这些扩展而成的"角"千奇百怪，有向前突出的，有向两侧突出的，还有向背后突出的，也有一些向多个方向扩展，甚至形成完整的片状。婆罗洲的角蝉虽然比不上南美角蝉的奇美，但毕竟地处热带地区，见到的机会还是很多的。

  角蝉通常生活在灌木上，吸取植物的汁液。要想发现角蝉，还有一个十分有效的办法，那就是观察路边灌木上有没有很多蚂蚁在跑来跑去。

  角蝉吸食植物汁液后，产生的排泄物是甜的，被人们称为蜜露，而蜜露又是蚂蚁的最爱。蚂蚁为了保证美食源源不断，对角蝉更是爱护有加，驱赶一切敢于来犯之敌。这种互惠互利的同盟关系，被称为"互利共生"。

大旗角蝉

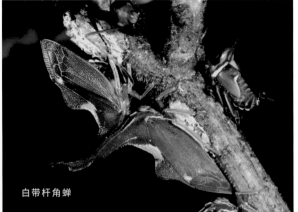

白带杆角蝉

矛角蝉

翡翠织角蝉

行走的"虫草"

——苏氏毛叶甲

XINGZOU DE " CHONGCAO "

↘

人们常说：林子大了，什么鸟都有！稍有动物学常识的人都会知道，这分明就是个伪命题！再大的林子，也不是什么鸟都愿意光顾的。

但是，雨林大了，什么虫都有可能成为"虫草"倒是真的。"虫草"一词源自著名的"冬虫夏草"，代指所有死亡之后染上真菌，而长出了"草"的昆虫。

婆罗洲雨林潮湿而郁闭的环境，到处生长着形形色色的真菌。如果你足够细心，每天遇上 10~20 个形形色色的"虫草"也不是件困难的事情。

这不，眼前就有一"位"长着浓密长毛的"虫草"！不过，似乎哪里有些不对，这只"虫草"居然是活的！不但可以爬行，甚至还舞动翅膀飞了起来。这是一只毛叶甲，身上那些是真的毛，并不是菌丝。但这身行头，也太特立独行了！

长毛叶甲

路边的詹森桑加荔蝽

方头方脑
大方蝽

—— 詹森桑加荔蝽

FANGTOU FANGNAO
DAFANGCHUN ↗

这也许是我见过的最大的陆生椿象了，用现在最时髦的网络语言来形容，就是非常地呆萌。印象中很少有一种椿象是如此地横平竖直，感觉就像一个豆腐块，或者一个麻将牌。

詹森桑加荔蝽是一种很难见到的椿象，在我去婆罗洲这几年，一共也就见到过两只。但它们给人留下的印象是十分深刻的。当然，它们散发出的椿象独有的臭味，比起其他椿象种类，也是非常浓郁的，令人回味。

肉来张口的
幺蛾子宝宝
—— 婆罗洲蝉寄蛾

ROULAIZHANGKOU DE
YAO'EZI BAOBAO

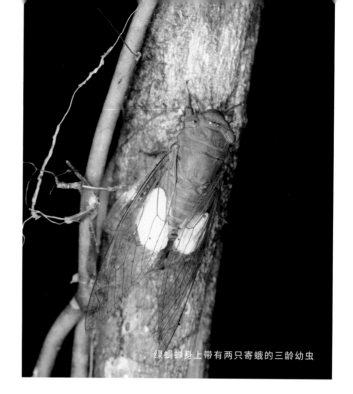

绿蜩蝉身上带有两只寄蛾的三龄幼虫

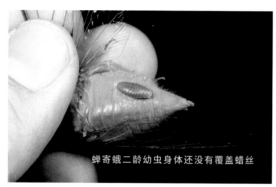

蝉寄蛾二龄幼虫身体还没有覆盖蜡丝

刚从茧中羽化出来的蝉寄蛾成虫

你对蛾子的幼虫毛毛虫有多少了解？一般人印象中的毛毛虫都是素食主义者，有谁见过吃肉的毛毛虫呢？

蝉寄蛾就是这样一个神奇的存在！雌性寄蛾通常将卵产在蝉的身体上，卵会迅速孵化成初龄若虫；小若虫喜欢在蝉的翅基部生活，因为这里的关节组织较为柔软，易于咀嚼；二龄后，幼虫多攀附于蝉的腹部背面，到了三龄则分泌大量蜡丝附着于身体表面，以起到保护作用；末龄幼虫化蛹之前会选择离开寄主，寻找适宜的地点化蛹。大约几天后，蛾子便会破茧而出，变成一只小蛾子。蛾子又会继续寻找寄主产卵。

婆罗洲蝉寄蛾会寄生于至少两三种蝉的身体上，但最多的是绿色的绿蜩蝉，也许是因为绿蜩蝉肉质比较细腻吧！当地人也最偏爱油炸这种绿色的蝉作为零食。

04 威风凛凛

WEIFENGLINLIN

婆罗洲南洋犀金龟，大角型雄性个体

婆罗洲南洋犀金龟，中角型雄性个体

每个爱虫男孩的梦想

——婆罗洲南洋犀金龟

MEIGE AICHONG NANHAI DE MENGXIANG

犀金龟在我国台湾地区被称为大兜虫。

在犀金龟中，南洋犀金龟属一共有 4 个种类，其特征是雄性头部有一个向上翘的头角，胸部则有两个向前伸出的胸角，巨大的体型，显得十分威武！而雌虫却完全没有角。拥有一只南洋大兜虫是每一个爱虫男孩的梦想。

婆罗洲有 2 种南洋大兜虫，其中的婆罗洲南洋大兜虫（婆罗洲南洋犀金龟）是婆罗洲的明星物种，仅在婆罗洲才能见到。由于个体发育的不同，婆罗洲南洋犀金龟跟其他犀金龟一样，雄性角的大小差异也十分明显，通常被分为小角型、中角型和大角型，已知最大的个体可达 115 mm。

光鲜靓丽的『大兜虫』

——花镜犀角花金龟

犀角花金龟真是一类令人着迷的物种！

花金龟中长有头角的种类，少之又少，大多受到昆虫爱好者的追捧。而同时具有胸角的，恐怕非犀角花金龟莫属了。犀角花金龟从外形上看，简直可以说是大兜虫（也就是犀金龟）的超级模仿秀冠军！但犀角花金龟又不失花金龟华丽的色彩，绿色的金属光泽，熠熠闪光，胸角和足部带有隐隐约约的红色金属光泽，更是令人赞叹不已。这简直就是在表白自己并不是大兜虫，也不是暗夜的行者，而是一种白天活动的靓丽甲虫！

花镜犀角花金龟为婆罗洲北部的特有种，在每年五六月开花的季节，出没于海拔1000 m左右的龙脑香雨林中。犀角花金龟习惯于白天活动，多在十余米的高树上访花，因此想获得它的标本是非常不容易的。经常有人拿着超过10 m长的高网，结果依旧无功而返！当地土著捕手最有效的方法是背着一只捕虫网爬到树顶，但是实际收获多少还是有很大的运气成分在里面。

花镜犀角花金龟（雄虫）

花镜犀角花金龟（雌虫）

周氏犀角花金龟（雄虫）

花镜犀角花金龟（雄虫）

惊艳的武士
——黑带牙丽金龟

JINGYAN DE WUSHI

　　说起丽金龟，通常人们会认为除了一些极为艳丽的种类以外，基本上就没有太多可圈可点的了。

　　但凡事总有例外，牙丽金龟便是其中极为特别的，堪称丽金龟中的锹形虫。牙丽金龟的雄性也有一对威武的上颚，其功能跟雄性锹甲几乎一样，常常用作雄性之间争斗的工具。婆罗洲的牙丽金龟有好几个种类，其中最让人惊艳的就属黑带牙丽金龟了。橙黄的底色加上黑色的条纹，直接便"秒杀"了那些单色的牙丽金龟。黑带牙丽金龟的雌性跟雄性色彩完全不同，通体黑色让人完全联想不到这是雌雄间的差异。牙丽金龟跟锹甲一样，也有大牙和小牙之分，大牙型的黑带牙丽金龟的上颚端部还多出一个齿，十分威武！

浑身带刺的恶魔

——撒旦卡伪瓢虫

↗ HUNSHEN DAICI DE E'MO

"撒旦"意为魔鬼，在婆罗洲这个名字却被赋予一个黑色的小甲虫。

撒旦卡伪瓢虫的鞘翅两边各长有两个长长的尖刺，刺的两旁还散布着一些小的隆起。其个头虽然不大，却给人邪恶的感觉，凶猛异常！但事实上伪瓢虫多以菌类为食，鞘翅上的刺也完全是一种被动的防御措施。

撒旦卡伪瓢虫是婆罗洲的特有种类，在雨林的落叶中和山路上偶尔可以发现它们的踪迹。

撒旦卡伪瓢虫

丽金龟中的"独角仙"

——莫迪犀角丽金龟

LIJINGUI ZHONG DE "DUJIAOXIAN"

如果说牙丽金龟是丽金龟中的锹形虫，那么犀角丽金龟就是丽金龟中的独角仙了。

莫迪犀角丽金龟土黄的底色，加上棕黑的斑点和纹路，如果没有那个突出头角的话，相信不会引起太多人的注意。即便如此，犀角丽金龟跟独角仙比起来还是差得很远。一来，它的个头远远比不上独角仙；二来，它的头角是扁平的，像一把铲子，也没有独角仙那种威武雄壮的感觉。

犀角丽金龟跟很多甲虫一样，白天是很难见到的，只有在晚间灯诱的时候，偶尔会来到幕布之上。

杀手轻盈的舞姿

—— 梯螳蛉

螳蛉是脉翅类昆虫中少见的冷面杀手，它们不仅外观酷似螳螂，生活习性也有一拼。

螳蛉的前足跟螳螂很像，也是捕捉足，但它们的大刀静止的时候是朝上举着的，而螳螂却是冲下的；螳蛉的头部也不像螳螂那样是个三角形；最容易区别的地方是它们的前翅，螳蛉的前翅和后翅都是膜质的，呈透明状，而螳螂的前翅是不透明的革质覆翅，后翅为膜质，翅脉十分发达。螳蛉相对螳螂来说通常比较小巧，而且更加灵活，舞姿也很美。但要想欣赏它们的舞姿，则需要足够的耐心和运气。

君临天下的龙头螽斯

—— 棘草螽

↙ JUNLIN TIANXIA DE LONGTOUZHONGSI

　　棘草螽的英文名字是龙头螽斯（Dragon headed katydid），在中国，更多的昆虫饲养爱好者称其为六刺天狗螽斯。

　　棘草螽目前已知有 7 个种，其中 2 种分布于婆罗洲。棘草螽是杂食性的，通常情况下以植物的叶片为食，偶尔也会捕食一些小型的昆虫。棘草螽一眼看去就有一种王者风范！一对长长的大颚，常常使人退避三舍；前胸背板有 6 组扁平而分叉的刺，使那些习惯于用手抓昆虫胸部者感觉无从下手！这些刺有人说是为了防止鸟类的捕食，但究竟有什么功能，尚无深入的研究；棘草螽足的腿节和胫节都带有锋利的刺，十分有力。

　　棘草螽看上去非常威猛，但事实上未必如此。有人将其跟其他一些凶猛的肉食性螽斯比较，得出的结论是它们外强中干，基本没有什么战斗力。

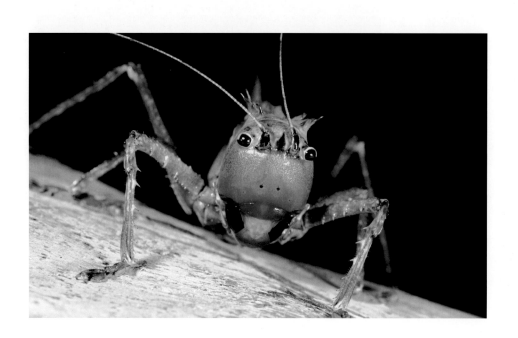

虫界牛魔王

—— 紫晶刺角蝉

CHONGJIE NIUMOWANG

↗

通常情况下，头部或胸部有着极度扩展或者后足异常膨大的昆虫，都比较受人关注！因为它们的长相往往是非同寻常的，角蝉就是这样一个特别的类群。

角蝉多样性最高的地区是中南美洲，婆罗洲的角蝉虽然比不上中南美洲的一些种类，但也是非常奇特的。

角蝉的个体通常比较小，跟我们这个章节的威风凛凛似乎完全沾不到边，但这种紫晶刺角蝉的胸部扩展，犹如两个非常厚重、宽大的牛角。猛地看去，犹如一头缩小版的大角水牛，就是东南亚那种犄角巨大的、向后伸去的水牛。每次看到这种角蝉，都让我觉得"牛魔王"这个称号更适合它。

脱翅的新后

大型工蚁

恐怖的蚁中『巨人』

KONGBU DE YI ZHONG 『JUREN』

——巨恐蚁

幼虫和茧

小工蚁

巨恐蚁又称巨人恐蚁，由于分类地位的变更，曾被称作巨人弓背蚁，是世界上体型最大的蚂蚁之一。有人统计，小型工蚁体长为 20.1~24.2 mm，可视作兵蚁的大型工蚁体长为 25.5~29.6 mm，而蚁后体长可达 40 mm。巨人恐蚁的学名中 "gigas" 一词在拉丁语中是 "巨人" 的意思，源自希腊神话中的基迦巨人。巨人恐蚁绝对算是蚂蚁世界中的明星，其因巨大的体型，成为蚂蚁爱好者追捧的对象！

在婆罗洲，巨人恐蚁其实是很常见的，从海滨红树林的泥炭沼泽到海拔 1500 m 的山地雨林，都能见到它们的身影。我曾经无意中敲破一段深埋在土中多年的巨大树干，不承想那居然是巨人恐蚁的巢穴，霎时间，成群的巨大工蚁涌到洞口，舞动大颚向我示威。惊恐之下，我只好落荒而逃了！

守卫家园的大型工蚁（兵蚁）

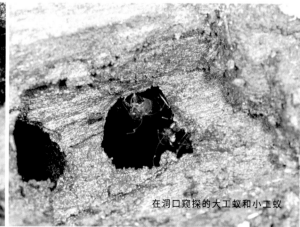
在洞口窥探的大工蚁和小工蚁

巨颚叉角锹甲那巨大的大牙

牙的较量
——巨颚六节锹甲
YA DE JIAOLIANG ↗

　　锹甲在观赏甲虫里，应该算是最令人着迷的了！就算我们把那些超小的、没有明显突出大颚的斑锹不计在内，"有多少种锹甲就有多少种大牙"，这句话显然也是不对的！同一种锹甲，大牙型、中牙型、小牙型也是应有尽有，让人捉摸不透！

　　婆罗洲真可谓是锹甲的世界，在婆罗洲丛林女孩营地住上一个星期，只要你晚上够勤奋，多去灯下转转，见到二三十种还是不难的。雄性锹甲夸张的大颚通常是用来争夺交配权的有力武器，但事实上，把不同种类的锹甲甚至犀金龟放在一起，它们也还是要争个你死我活，直到一方败下阵去！

巨颚六节锹甲

股奥锹甲

橘背六节锹甲

蒙氏环锹甲

长颈鹿环锹甲

线纹奥锹甲

这么粗的腿，它是怎么从树洞里羽化出来的呢？

—— 卡氏巨腿天牛

ZHEME CU DE TUI,TA SHI ZENME CONG
SHUDONG LI YUHUA CHULAI DE NE?　↘

　　没见到活物之前，我断然不敢想象世界上还有这样的天牛！它的体型和颜色倒是十分普通，灰黑色带有一些细微的绒毛，这让它在颜色上显得有很多的变化。最为奇特的地方是这种天牛的后足，感觉比那些后足腿节膨大、具有跳跃功能的昆虫还要有过之而无不及。但卡氏巨腿天牛确实不会跳跃，其巨大后腿的作用也无人知晓。跟很多种类的昆虫一样，卡氏巨腿天牛只有雄虫的后足才是膨大的，而雌虫是完全正常的。

　　我很好奇的是：这么粗的腿，它是怎么从树洞里羽化出来的呢？卡氏巨腿天牛除了婆罗洲以外，据说还分布在印度尼西亚的苏门答腊岛等岛屿，是一类非常稀有的天牛。

比犀牛更加威猛的西姆森瘤犀金龟

2015 年 4 月，马来西亚官方宣布婆罗洲特有的犀牛亚种——婆罗洲犀牛在野外灭绝；2019 年 11 月，最后一只人工圈养的婆罗洲犀牛伊曼（Iman）死亡。婆罗洲犀牛是唯一一种具有两个角的亚洲犀牛，而在用犀牛之名来命名的犀金龟中，我认为最为相像，甚至于更加威猛的莫过于西姆森瘤犀金龟了。

西姆森瘤犀金龟头角如擎天一柱，非常粗壮；其胸角高度隆起，突出部分也不像国内常见的蒙瘤犀金龟那样分成两叉。

虫界犀牛
——西姆森瘤犀金龟
↖ CHONGJIE XINIU

这大毒甲怎么有种叉车的感觉？

四角怪兽
——大毒甲
SIJIAO GUAISHOU
↗

相信很多朋友都跟我一样，在见到毒甲之前，会认为只有金龟子，特别是犀金龟、花金龟、蜣螂等，才会有那些离奇的头角和胸角。

毒甲属于拟步甲科，在野外并不多见，且都具有特殊的头角。我们常见的毒甲通常体长只有 10 mm 左右，而在婆罗洲发现的这种大毒甲是我见到过最大的一种了，差不多有 30 mm，当然也是形态最为特殊的一种。大毒甲的头角一共有 4 个，其中复眼下方的两个像两把宝剑径直向前伸展，而复眼上方的两个犹如两个探头，其端部锤状还带有金色的绒毛，仿佛举着两盏小灯笼，或是两个毛刷。

毒甲的幼虫在朽木中生活，因此我们通常也只有在朽木周围才能发现成虫的踪迹。

05 我行我素
WOXINGWOSU

流白"血"的伪瓢虫

—— 阿萨姆原伪瓢虫小斑亚种

LIU BAI"XUE" DE
WEIPIAOCHONG

昆虫保护自己的方法,多种多样。这只阿萨姆原伪瓢虫也算是奇葩中的奇葩了!

在受到惊吓之后,它的腿节和胫节之间居然流出了乳白色的液体!这种白色的"血液",一定是有毒和有刺激性气味的,它可以瞬间让捕食者逃离现场,以达到自救的目的。

昆虫的奇妙之处,真是体现在方方面面。只有你想不到,没有虫做不到!

阿萨姆原伪瓢虫白色的"血液"

飞毛腿"天牛"

—— 狭原蠊

↙ FEIMAOTUI "TIANNIU"

　　偶尔，在灯诱布上可以发现这样一只黑色的"天牛"。凑过去仔细观看时，天牛却上蹿下跳的，身段有些过于灵活，实在是诡异。虽然，天牛在昆虫界算是相当活跃的类群，但如此灵巧，且患有多动症的，还真是没有见过。跟踪良久，它终于跳到地上，我这才有机会拍到张照片，居然是一只小强！我们能够见到的小强多半是扁扁的，至少也是宽体型的，这个天牛型，还真是从未见过呢！

天使之虫

——巍巍缺翅虫

TIANSHI ZHI CHONG

巍巍缺翅虫有翅型成虫

缺翅虫在英文中被称为"天使之虫（Angel Insect）"，可算是世界上最为神秘的昆虫之一了。之所以叫缺翅虫，是因为最初发现它们的时候，所有的个体都是无翅的。若干年之后才发现了有翅的类型，但是根据国际动物命名法规，动物命名是有优先权的。就算是命名者本人，也无权修改。

婆罗洲历史上，曾有一种缺翅虫的记录。在婆罗洲丛林女孩营地，我们不仅发现了这个老种，而且发现了一个新种，中国农业大学的学者们用我的名字命名为巍巍缺翅虫，实在是荣幸之至！

现生的缺翅虫迄今为止，全世界仅发现了44种，是非常珍稀的类群。这类肉眼几乎很难看清的虫子，通常不会超过3 mm，多生活在朽木中。

巍巍缺翅虫成虫

巍巍缺翅虫若虫

宽尾荔蝽会将初生的若虫携带在自己的腹部下面

加倍的母爱

——宽尾荔蝽

ㄎ JIABEI DE MU'AI

携带若虫的宽尾荔蝽

如果说母爱是伟大的，那么宽尾荔蝽的母爱则是加倍的！宽尾荔蝽产卵之后会日夜守在卵块的上面，一动不动，直到它们孵化成小的若虫。

通常我们可以了解到有一些昆虫也有类似的护卵情况，比如角蝉，甚至将卵产在雄性爸爸背上的负子蝽。但它们多半都在若虫孵化出来之后就撒手不管了，而宽尾荔蝽则不同。

宽尾荔蝽会将初生的若虫携带在自己的腹部下面，小椿象一只挨着一只，一只摞着一只，层层叠叠，它们抓得很紧，防止从母体上坠落下来。这时候，宽尾荔蝽妈妈就带着初生的幼崽，迅速地飞离，去其他地方觅食。

这种从护卵到护幼的生活方式，也算是比较罕见的了。

滚动的粪球

—— 侧裸蜣螂

GUNDONG DE FENQIU ↘

在山路上，我发现了这只努力滚着粪球的侧裸蜣螂，蜣螂用后足拼命地将粪球向身后推动，速度很快，像是匆匆忙忙赶着时间。

粪便的主人是杂食的，因为里面可以清晰地看到既有植物残渣又有昆虫的"零件"，显然这是头天夜间马来灵猫或果子狸留下的。

蜣螂最终将粪球推到道路旁边土质较为松软的沟渠旁，然后挖一个洞，将粪球埋在里面，之后会在上面产下一粒卵，蜣螂在幼虫期全靠这粪球为食，之后在里面化蛹并羽化为成虫。

①｜②

① 努力滚着粪球的侧裸蜣螂

② 粪便里面清晰地可以看到既有植物残渣又有昆虫的"零件"

婆罗洲异虫志

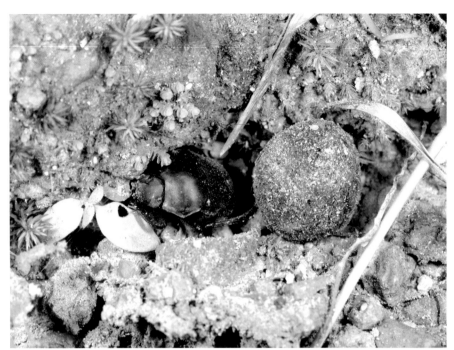

③ 无刺蜂也来凑热闹

④⑤ 蜣螂将粪球推到道路旁边土质较为松软的沟渠旁，然后挖一个洞，将粪球埋在里面

川流不息的
白蚁大军

—— 黑头须白蚁

↖ CHUANLIUBUXI DE
BAIYI DAJUN

在特鲁斯马迪山的雨林中，我见到了生命中迄今为止最为壮观的昆虫行军队伍。

一个宽度大约有 20 cm 的白蚁大军，浩浩荡荡地从一棵倒伏的大树那边"流淌"过来。它们在朽木的尽头分成几个支流，之后殊途同归，在另一棵朽木上汇合，然后远去。

2015 年 9 月底，我第一次见到它们，2016 年一整年的时间，它们一直都在源源不断地流动着。直到 2017 年春节，它们才从这棵大树上消失。不知道是换了新巢，还是改变了行军路线？

仔细观察它们的队伍，是非常有条理的，通常是一只接着一只头尾相连排成若干个纵队，这些都是工蚁，它们每一只的口中都衔着一小团地衣的毛球，这便是它们的食物来源。在队伍的两边，我们可以看到一些散兵游勇，这些零散的白蚁都是兵蚁。兵蚁的头部突出，犹如大象的鼻子，是兵蚁们的防御武器。而那些川流不息的队伍，则是由工蚁组成。

① ②
③

① 源源不断地流动着的
白蚁军团

② 大多数的工蚁口中都
衔着一小团地衣的毛球

③ 兵蚁

150

151

在雨林中的藤蔓上，我们发现了一个拳头大小的球状物。这是一个由木屑和泥土混合而成的巢穴，从上面游离的兵蚁可以看出，这显然是一个白蚁的巢。

这么小的白蚁巢，它内部会拥有一个完整的家族？好奇心驱使我们把整个巢带回了营地。

通过细致的解剖，可以看出巢穴内部巢室众多，既有专门育儿的场地，又有供蚁后生产的王室。

最令人惊叹的是，我们在巢中竟然看到了两个蚁后！这么小的巢，竟然是一个双后巢！显然，两个蚁后都是新后，她们的腹部还没有日渐膨大。这个巢应该是刚刚才建立起来，也许不久后，这里就将逐步扩大，成为一个庞大的家族。

人们往往对白蚁有偏见，认为它们是森林的破坏者。其实，白蚁是生态链中不可缺失的重要组成部分，对朽木的分解更是功不可没！

微型白蚁巢

—— 红头须白蚁

↗ WEIXING BAIYI CHAO

① 雨林中的微型蚁巢
② 守卫蚁巢的兵蚁
③ 庞杂的内部构造

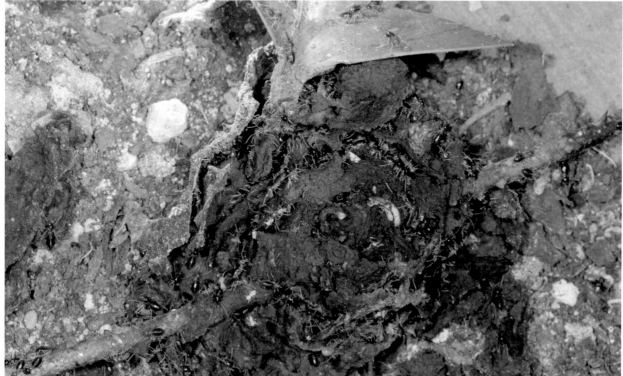

④ 照料卵和若虫的工蚁

⑤ 蚁后是这个微型白蚁巢
的统治者

⑥ 巢中有两个蚁后

移动的小毛球

YIDONG DE XIAOMAOQIU

—— 草蛉幼虫 ↗

用地衣植物的毛做伪装的草蛉幼虫

蛉的幼虫和成虫一样，都是捕食性的，以其他小型昆虫为食。草蛉的成虫是咀嚼式口器，而幼虫则是特殊的双刺吸式口器。相比起来，幼虫比成虫更具攻击性。由于很多种类的幼虫捕食蚜虫，所以人们把草蛉的幼虫统称为蚜狮。

部分种类的蚜狮有将异物置于背上做成伪装的习性，其中大多数都是将吮吸后的虫子干尸背在背上，形成一个杂乱不堪的伪装物。

而我在婆罗洲密林深处发现的这只蚜狮尤为特别，它居然是将地衣植物的毛置于背部，形成一个毛茸茸的半球状，看上去就像是植物枝干上一小团霉变的物体，缓慢运动时，更像是在风中左右晃动。这种伪装形式也算是一绝了！

用植物碎屑做伪装的草蛉幼虫

用吸食后的蜘蛛空壳做伪装的草蛉幼虫

　　蚂蚁放牧蚜虫的故事也算是尽人皆知了，蚜虫吸食植物的汁液产生的排泄物带有甜味，是多种蚂蚁非常喜爱的味道，被人们称为蜜露。一些蚂蚁甚至学会了用触角敲打蚜虫的腹部，使其产生更多的排泄物。蚂蚁甚至成为蚜虫的保护神，帮助其驱赶瓢虫和食蚜蝇幼虫等天敌。

　　事实上，不仅蚜虫，介壳虫、木虱、角蝉等昆虫也会分泌蜜露，同样受到蚂蚁的青睐和保护。我在婆罗洲发现众瓢蜡蝉成虫，它的周围也聚拢了相当数量的蚂蚁。这是我在其他地区从未见过的场景。

瓢蜡蝉的蜜糖——众瓢蜡蝉

PIAOLACHAN DE MITANG

前足包裹了植物树脂的红胶猎蝽

会使用工具的椿象

—— 红胶猎蝽

　　说起来，很多人都不会相信会有制造工具的昆虫！这种神奇的昆虫叫作胶猎蝽！

　　我们都知道椿象是刺吸式口器，猎蝽则是椿象中极为凶猛的一类。胶猎蝽通常生活在松树等有树脂流出的树干上。胶猎蝽会将树干上流出的树脂涂抹在自己前足的胫节上，这胫节就相当于人类的手臂。涂好一圈黏稠胶水的胶猎蝽会在树干上等候路过的无刺蜂等小昆虫，挥舞手臂将它们粘住，然后将利剑一样的刺吸式口器插入它们的体内吸食其体液！

　　这真是林子大了，什么虫都有啊！

小烟囱的主人

—— 天鹰蚱蝉

XIAO YANCONG DE ZHUREN ↗

① ② ③

① 我们剖开了一个未曾开口的烟囱

② 烟囱的主人居然只是一只二龄左右的小若虫

③ 天鹰蚱蝉成虫

　　在雨林中穿越，经常会发现地面上凭空竖起一个个泥制的小烟囱。这些小烟囱有些是封闭的，有些却是开着口的。这是什么昆虫的巢穴？蚂蚁还是白蚁？初次见到的人肯定会有类似的疑问。如果你拾起这个烟囱，通常会发现里面并没有蚂蚁或白蚁活动的痕迹，只是有一个洞，通向地下。

　　翻找资料，我得知这是婆罗洲常见的天鹰蚱蝉的若虫的甬道。于是，我猜测这个烟囱是天鹰蚱蝉老熟若虫羽化的通道。试想，天鹰蚱蝉羽化之前会从土里钻出来做一个烟囱，天黑之后从烟囱中爬出羽化，因为我们经常看到的没有开口的烟囱都是比较潮湿的泥土制成。但连续的观察使我不得不产生更大的疑问，封着口的烟囱，并没有如我想象那样在傍晚时分被老熟若虫打开！

　　于是，我们剖开了一个未曾开口的烟囱。在距离地面下方十多厘米的地方，我们终于发现了它的主人，居然是一只很小的估计只有二龄左右的小若虫。这么小的若虫建造烟囱，不是为了羽化，那么它究竟是在做什么呢？而 2017 年 7 月，我时隔 6 天后无意中再次拍到了同一个烟囱，它从封闭变成了开口，显然这个烟囱的主人是一只老熟的天鹰蚱蝉若虫。这究竟是怎么一回事？截至目前，还没有人能够给出确切的答案。

高层建筑解密

—— 弓费螺蠃婆罗洲亚种

GAOCENG JIANZHU JIEMI

↘

刚刚入住婆罗洲丛林女孩营地不久，我就发现门口的木栏杆上有一只蜾蠃在筑巢。一只勤劳的蜾蠃母亲衔来新鲜的泥土，敷在木栏杆上做成一个泥巢。泥巢的最上方留有一个开口，蜾蠃可以从泥巢洞口进出。仔细观察，可以看到蜾蠃会衔来一条条蛾子的毛虫拖入巢中。

接下来的日子，我惊奇地发现泥巢越做越高，但洞口始终处在最上方的位置。大约过了半个月，在我即将离开营地的头一天下午，我决定把这个泥巢剖开，看一看这只蜾蠃究竟做了些什么？

我用小刀慢慢将泥巢侧面的土刮去，奇迹出现，这个泥巢居然已有14层（遗憾的是，最上面的第14层被我铲掉了）。最上面的一层还未建设完毕，里面仅有1条蛾子的毛虫；接下来的2层，我们仅仅可以看到各有6条和8条毛虫，另有一条蜾蠃的小幼虫；再往下发现蜾蠃的幼虫越来越大，蛾子的毛虫逐渐变成了一个个萎缩的黑色躯壳；蜾蠃的幼虫也从乳白色逐渐变成奶黄色，从预蛹变成了蛹；第2层的蛹已经有部分开始变黑，趋于成熟，过不了多久，它就会羽化为一只新的蜾蠃成虫；不幸的是，第1层的幼虫从一开始就已经夭折，蛾子的毛虫也已经发霉。

古人云"螟蛉有子，蜾蠃负之"，讲的就是这样一个神奇的故事。

① 一个新巢开工了
② 建到第9层的巢（7月21日）
③ 持续建设中（7月26日）

④ | ⑤

④ 尚在建设中的14层巢穴（8月4日）

⑤ 14层巢穴的纵剖面

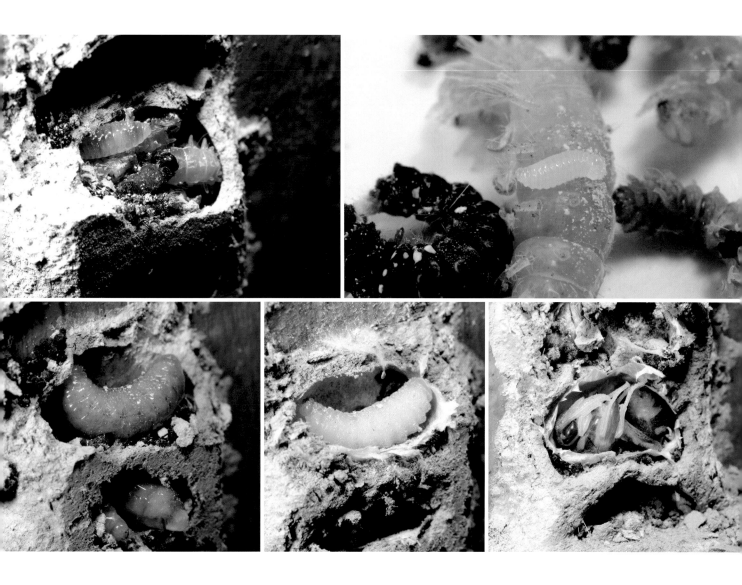

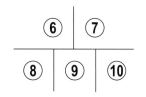

⑥ 第12层巢穴
⑦ 第12层巢穴中的幼虫
⑧ 第11层巢穴中的老熟幼虫
⑨ 第6层巢穴中的预蛹
⑩ 第2层巢穴中的蛹，已经呈明显的黑色，即将羽化

放牧介壳虫
的蚂蚁

—— 举腹蚁

FANGMU JIEKECHONG
DE MAYI

↘

熟悉当地植物的马来西亚自然爱好者刘佑义随手从路边一棵灌木上砍下了一节递给我。这个植物属于大戟科血桐属，在婆罗洲中低海拔的山路边是比较常见的。他指着植物茎上的一些小洞问我："你知道这是什么吗？"我自然是一头雾水，于是他用刀将植物的茎剖开，中空的植物茎展露出来，里面居然被蚂蚁做成了巢穴！

植物是分节的，为了方便穿行，蚂蚁在每一节间钻蛀了一个小洞，我也

① 被蚂蚁带入植物茎中避雨的介壳虫
② 介壳虫
③ 蚂蚁穿过茎分节处的小洞
④ 工蚁和繁殖蚁的蛹

恰巧拍到了蚂蚁穿过小洞的难得镜头。仔细查看，在茎中排列着一些很小的白色圆片状物体，我的第一反应是蚂蚁在植物茎中种植了它们的美食——蘑菇。因为这些小圆片太小了，很难看清，我随即用相机拍了下来，放大一看竟然是介壳虫，很有可能是蚧科的种类。

当时的天气并不是很好，天空乌云密布，已经下起了毛毛细雨。我突然恍然大悟，这介壳虫真的就是传说中蚂蚁放牧的"奶牛"啊！蚂蚁取食介壳虫分泌的蜜露，作为回报，它们也成了介壳虫的保护神。这种小小的蚂蚁，在天气不好的时候，会将介壳虫搬到它们的巢中，也就是植物的茎中，以保证这些"奶牛"的安全。这些蚂蚁完全称得上是世上最贴心的牧童了！

⑤

⑥

⑦

⑤ 繁殖蚁的成虫和蛹

⑥ 血桐

⑦ 植物茎上的小洞

猪笼草为家
—— 褐色脊红蚁

↗ ZHULONGCAO WEI JIA

在中国很少有人见过野生的猪笼草，因此有关它的传言也是多种多样的，很多人认为猪笼草里的液体是植物专门分泌的，会消化掉所有进入笼子的入侵者。这完全就是在妖魔化猪笼草！事实上，与猪笼草共生的生物非常多，笼子里面的液体也不过是普普通通的雨水，这些生物在猪笼草中形成了自己的一套独立的生态系统。

婆罗洲丛林女孩营地，二眼猪笼草是比较常见的，有几处公路旁边的山坡甚至都长满了。我曾经见过一群弓背蚁，落入二眼猪笼草的笼子中，因为笼壁非常光滑，蚂蚁无法脱身，出于怜悯，我放了一根小树枝，这才使它们摆脱困境。但眼见未必为实，这并不能说明所有的蚂蚁都爬不出猪笼草光滑的笼壁。

二眼猪笼草中就住着这样一种蚂蚁，它们以猪笼草为家，在光滑的笼壁上用木屑制成一个蚁巢，在其中繁衍生息。这些被蚂蚁占据的猪笼草有一个共同的特点，那就是在猪笼草笼子最下方 2~3 cm 的地方都有一个圆形小孔。这是蚂蚁为了不使猪笼草里的积水水位过高而进行的加工处理。这样的话，蚂蚁在猪笼草里就可以安枕无忧了！这种褐色脊红蚁在当地也是比较常见的种类，住在猪笼草里也非它们唯一的选择，就好像有的人住别墅、有的人住小平房、有的人住高层楼房一样。

① 光滑笼壁上用木屑制成的蚁巢

② 带有小孔的猪笼草

③ 工蚁和幼虫

④ 工蚁和卵

没有突出大颚的最小锹甲

丑死了！最小的锹甲
居然还没"牙"

—— 梯斑锹甲

↖ CHOUSILE!ZUIXIAO DE QIAOJIA
JURAN HAI MEI "YA"

　　某天晚上，我跟阿丢两个人在丛林女孩营地转灯，不知怎么就说起了他迄今为止还没有亲眼见过斑锹。我随即答道："我也好久没有见到了，不知什么时候才能再见？"说完，蹲下身去看了看灯下的地面，随手捡起一个几毫米的小甲虫！阿丢连忙问道："你手里拿的什么？"我说："斑锹啊！"

　　我不敢想象阿丢此时的心情是羡慕？嫉妒？困惑？绝望？还是愤怒？总之，给他看了一眼小管中的斑锹之后，我赶紧溜走了。

　　斑锹个头通常很小，最大也不过 6 mm 以内。说是锹甲，雄虫却连个突出的大颚都没有，一点也不威武！一眼看去丑陋无比，几乎所有的种类都长得像地上的一个小碎石粒，真可算是锹甲世界的奇葩了！

既是大长腿又是大眼萌

—— 长足大眼象

　　我第一次见到这类有趣的象鼻虫是在印度尼西亚的龙目岛，它的活动轨迹就像一只大蚊，或者说更像是一只搜寻猎物的寄生蜂，悄无声息如直升机一般从一处倒木飞到另一处倒木，然后稍事停留，又飞向下一处，就这样穿梭于伐倒的一棵棵树干间。我追随良久，才发现居然是只甲虫，而且是如此灵活的象鼻虫！在婆罗洲，一次偶然的机会，又让我遇到了这个有趣的精灵，也如愿以偿拍到了还算清晰的照片。前几年国内有报道说西双版纳发现了类似的象鼻虫，怀疑是拟态盲蛛，甚至跟盲蛛生活在一起，仅仅从外部形态就判断一个虫子的习性，这也真算是望"虫"生"义"，过于武断了！

长足大眼象修长的大腿，活动灵活自如

酸酸的甜蜜

—— 无刺蜂

SUANSUAN DE TIANMI

　　我第一次见到无刺蜂巢内的结构，并且品尝了它们的蜂蜜，还是在西双版纳的一个小山村里。那是一个由于禁猎而无聊的老猎人从深山里带回的一箱无刺蜂，养在了自家房后。他见我十分好奇，便打开让我一探究竟，第二天干脆搞了一些蜂蜜出来让我品尝。当时确实感觉味道很独特，酸酸的，一口下去，还以为是变质了的蜂蜜。多吃几口就习惯了，有一种特别的香味。但因为感觉这东西无法量产，所以我也只当作猎奇，忘在脑后了。

　　婆罗洲野生无刺蜂资源非常丰富，当地称之为"酸蜂"或"银蜂"。这"银蜂"的来历据说是无刺蜂大小颜色都跟苍蝇类似，所以被称作"蝇蜂"，但"蝇蜂"终究无法登上大雅之堂，于是便成了"银蜂"。

　　无刺蜂在山区几乎是随处可见，它们不像其他蜜蜂有着危险的蜇刺，但它们也绝对不是好惹的！一旦受到威胁，它们会群起而攻之，用前足携带蜂胶团粘住你的眼睛；也会对你进行撕咬，并钻入你的头发。虽然每只无刺蜂撕咬的程度很弱，但数量之多、时间之长，也足以令你落荒而逃。无刺蜂的蜂巢开口处往往有一个蜡质的喇叭口，这也是无刺蜂的标志性特征之一。

　　近几年，位于婆罗洲岛的马来西亚沙巴邦大力发展无刺蜂的饲养，很多地方都有无刺蜂蜜出售，有机会的话，大家可以买上一小瓶尝尝，的确是别有一番滋味。

归巢的无刺蜂群

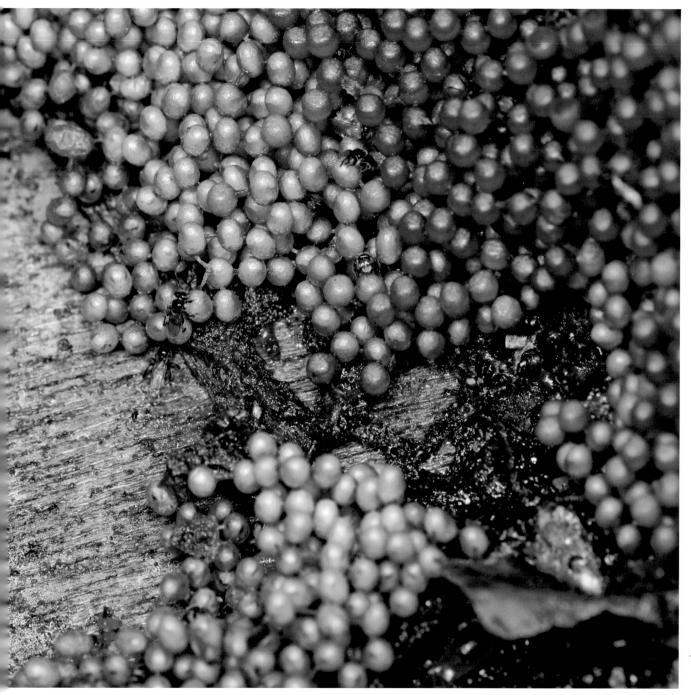

泥罐的主人是一种很小的黑色蜾蠃

置身于成千上万的蜂巢之中

蜾蠃的窑厂
—— 长腰蜾蠃
↘ GUOLUO DE YAOCHANG

在特鲁斯马迪山保护区入口处有一座守门人的木质吊脚楼，房子不大，仅供守门人看守和值班休息使用。令人意想不到的是，吊脚楼下面竟然是一个蜂的世界！地面上是当初施工留下来的一个土包，直径不到 2 m，高约 0.5 m，上面很多孔洞，是一些独居蜜蜂和盗寄生蜜蜂的乐园。四周横梁上是一些纸质的马蜂和蜾蠃的巢，有的是很普通的片状，有的则是奇特的灯笼状。

其中最令人震撼的当属头顶那一个挨一个、一个摞一个的小泥罐，足有数万之众。每一个小泥罐都精致无比，堪称杰作，如果放大来看，无疑是一个个的储水小陶罐。这要是放在人间，那就是一个规模不小的窑厂了。泥罐的主人是一种很小的黑色蜾蠃，它用衔来的泥土，加上自己的唾液，制作出一个个小泥罐，随后抓来毛虫拖进罐中，在毛虫身上产下一枚卵，然后将罐口封住。这就是所谓的"螟蛉有子，蜾蠃负之"。

在这里拍照也确实需要点勇气，上下左右全是蜂窝不说，身前身后也都是飞来飞去带着蜇刺的各种蜂类，一不留神就将"万劫不复"！

绵蚧的雌成虫

尚未离开母体的初孵若虫

蜡质的育儿袋

—— 绵蚧

↖ LAZHI DE YU'ERDAI

　　我收藏有一块神奇的缅甸琥珀，那里面有一只叫作旌蚧的介壳虫，而且是雌虫。

　　旌蚧是介壳虫中较为特殊的一个类群。这类介壳虫的雌性成虫分泌的蜡质结成紧密的蜡片，由蜡片组成的卵囊紧附在虫体的末端。白色的卵囊比虫体长，当雌成虫移动时举起卵囊，形同扛起旌旗，故被称作旌蚧。旌蚧的若虫在卵囊里孵化后，在卵囊内停留 2~3 天才能爬出来，分散取食，这便是一种亲代抚育的例子，也被称作育幼。

　　在我收藏的这枚琥珀中，旌蚧雌虫卵囊的末端出现了令人惊奇的场景，至少有 4 只小若虫在卵囊末端开口处活动。

　　我一直希望亲眼见到这一活生生的场景，终于有一天在婆罗洲的一棵树干上，我发现了这只大腹便便的雌性绵蚧科种类。一开始我发现有若虫在它身体上活动，后来才发现腹部末端的卵囊才是若虫们聚集的地方，打开它的卵囊，可以发现已经有一些孵化出来的若虫在活动，而更多的是一粒粒尚未孵化出来的椭圆形的卵。看来，伟大的母爱介壳虫还真不止一类。

模拟的意义

——拟蝶锦斑蛾

拟蝶锦斑蛾雄蛾拟态斑粉蝶

优斑粉蝶

人们把一种生物模仿另一种生物的现象称为拟态，拟态通常分为两大类。贝氏拟态是指一种无毒的物种模仿一种有毒的物种，而缪氏拟态就是两种有毒的物种互相模仿。缪氏拟态的好处在于，它们可以相互分担被捕食的压力。我们都知道，大多数斑蝶在幼虫期取食有毒植物，因此成虫体内毒

蓝紫锦斑蛾

蓝紫锦斑蛾的毛笔器

紫斑蝶的毛笔器

素很多，鸟类不会取食。而斑蛾，特别是白天活动的种类也都是有毒的。这些物种相互模仿，使得鸟类等天敌很容易强化对这样斑纹的蝶蛾不能取食的印象，从而达到保护自己的作用。

　　雄性斑蝶在被捉到后，腹部末端会翻出一对毛笔器，其作用原本是散发雄性激素以吸引雌蝶，这时也可以起到驱敌的作用。最为离奇的是，部分斑蛾居然也有相似的毛笔器，这种协同进化的拟态案例实在是让人惊诧不已！

本书涉及的物种名称

*注: 本名单并非书中所有相关物种的名录, 部分没有鉴定到属或种的物种并未列入。